PARLEZ-VOUS CHAT ?

Illustrations reproduites grâce à l'aimable permission de Jane Burton (Warren Photographic)

Catalogage avant publication de la Bibliothèque nationale du Canada

Bessant, Claire

Parlez-vous chat?

(Des animaux et des hommes)
Traduction de: The cat whisperer.

1. Chats - Mœurs et comportement. 2. Chats - Dressage. 3. Communication avec les animaux.
I. Titre. II. Collection.

SF446.5.B4314 2004 636.8'001'9 C2003-942261-5

DISTRIBUTEURS EXCLUSIFS:

• Pour le Canada
et les États-Unis:
MESSAGERIES ADP*
955, rue Amherst
Montréal, Québec
H2L 3K4
Tél.: (514) 523-1182
Télécopieur: (514) 939-0406
* Filiale de Sogides ltée

• Pour la France et les autres pays:
INTERFORUM
Immeuble Paryseine, 3, Allée de la Seine
94854 Ivry Cedex
Tél.: 01 49 59 11 89/91
Télécopieur: 01 49 59 11 96
Commandes: Tél.: 02 38 32 71 00
Télécopieur: 02 38 32 71 28

• Pour la Suisse:
INTERFORUM SUISSE
Case postale 69 - 1701 Fribourg - Suisse
Tél.: (41-26) 460-80-60
Télécopieur: (41-26) 460-80-68
Internet: www.havas.ch
Email: office@havas.ch
DISTRIBUTION: OLF SA
Z.I. 3, Corminbœuf
Case postale 1061
CH-1701 FRIBOURG
Commandes: Tél.: (41-26) 467-53-33
Télécopieur: (41-26) 467-54-66
Email: commande@ofl.ch

• Pour la Belgique et le Luxembourg:
INTERFORUM BENELUX
Boulevard de l'Europe 117
B-1301 Wavre
Tél.: (010) 42-03-20
Télécopieur: (010) 41-20-24
http://www.vups.be
Email: info@vups.be

L'ouvrage original a été publié
par John Blake Publishing Ltd
sous le titre *The Cat Whisperer*

Dépôt légal: 1er trimestre 2004
Bibliothèque nationale du Québec

ISBN 2-8904-4731-6

Pour en savoir davantage sur nos publications,
visitez notre site: **www.edjour.com**
Autres sites à visiter: www.edhomme.com
• www.edtypo.com www.edvlb.com • www.edhexagone.com

Gouvernement du Québec – Programme de crédit d'impôt pour l'édition de livres – Gestion SODEC – www.sodec.gouv.qc.ca.

L'Éditeur bénéficie du soutien de la Société de développement des entreprises culturelles du Québec pour son programme d'édition.

Nous reconnaissons l'aide financière du gouvernement du Canada par l'entremise du Programme d'aide au développement de l'industrie de l'édition (PADIÉ) pour nos activités d'édition.

Claire Bessant

PARLEZ-VOUS CHAT ?

DES ANIMAUX ET DES HOMMES

Traduit de l'anglais par
Jacqueline Lemay

le jour,
éditeur

Avant-propos

Notre compréhension du monde animal a infiniment progressé au cours des dernières années. Les films documentaires sur les animaux sauvages nous ont révélé leur comportement naturel et les raisons qui les poussent à agir. Et, assez curieusement, cette observation nous a amenés à observer le comportement de nos animaux de compagnie. Pendant plusieurs années, on a cru que seuls les animaux sauvages étaient dignes d'intérêt et que les animaux domestiques étaient des créatures qui se bornaient à exécuter nos ordres. Nous savons désormais que l'observation des animaux, qu'ils soient sauvages ou domestiques, nous aide à mieux comprendre les uns et les autres.

Pendant des millénaires, les animaux domestiques ont partagé notre quotidien. Pourtant, il y a encore vingt ans, nous utilisions (et il nous arrive encore de le faire), des méthodes de dressage très punitives. Rappelons-nous les premières émissions de télévision à propos des méthodes d'entraînement des chiens: nous étions tous rivés au petit écran! Du coup, nous nous sommes mis à acheter des colliers à nos bêtes et nous leur avons commandé des «Assis!» en les menaçant d'une voix aiguë que nous accompagnions de signes appropriés de la main. Ce type d'entraînement encore très dominateur utilisait largement la punition.

Puis, les choses ont évolué et une nouvelle génération, des «behavioristes animaliers», ont remplacé les «dresseurs» et se sont intéressés aux problèmes de comportement des animaux de compagnie. Forts de leurs observations, ils ont imaginé des moyens pour venir en aide aux propriétaires de chiens bruyants, nerveux et agressifs, ou qui tirent frénétiquement sur leur laisse. Grâce à eux, nous avons commencé à établir une parenté génétique entre le chien et le loup et nous avons comparé leurs comportements respectifs à partir de ce que nous montraient les documentaires. Les psychologues ont alors pu expliquer les motivations de l'animal au cœur de l'étude et trouver des solutions possibles à ses «problèmes de comportement».

Le phénomène récent de l'homme «qui murmurait à l'oreille des chevaux» nous a fait voir qu'un «domptage» ayant pour base l'imposition de notre volonté n'est pas nécessairement la meilleure façon d'obtenir la collaboration de ces formidables et puissantes créatures. Il a fallu qu'un homme du nom de Monty Roberts étudie le comportement des chevaux dans la nature et leurs interactions pour que nous comprenions qu'il existe une manière différente, et très efficace, de s'y prendre avec eux. Convaincu que les chevaux peuvent véritablement choisir d'être avec nous, il a utilisé leur langage du corps et ce qu'il connaissait de leur manière de créer des liens entre eux et il a appliqué le tout à la relation homme/cheval avec d'étonnants résultats. Quiconque a déjà eu la chance d'observer la méthode qu'il préconise pour établir un lien psychologique avec le cheval, alors que celui-ci galope autour d'une arène sans aucun type de contrainte ou de contact, doit admettre qu'il s'agit là d'une expérience forte en émotion. En quelques minutes, le temps que l'homme utilise le langage adéquat du corps et comprenne celui du cheval, ce dernier se met à le suivre, la tête contre le corps, le regard tourné vers l'arrière. Il n'y a ni contrainte ni persuasion – le cheval est guidé essentiellement par son bon vouloir d'être avec l'homme. Rien n'est plus émouvant que de voir un animal venir vers soi de sa propre initiative et comprendre ce que vous tentez de lui communiquer, confiant que vous ne lui ferez aucun mal. Tous les amis des animaux en conviendront.

Chevaux et chiens descendent tous deux d'ancêtres grégaires. Si leur comportement a évolué, c'est qu'ils ont été obligés de communiquer avec les membres de leur groupe: en faire partie leur assurait une certaine protection et tous les autres bénéfices du compagnonnage. On pourrait presque dire que c'est la capacité de ces bêtes à s'adapter à un groupe qui a permis à l'homme de les contraindre à se joindre au leur. Ainsi, avant que nous nous familiarisions davantage avec les principes de la communication, du comportement naturel et de l'attribution de récompenses, la coercition aura été, jusqu'à un certain point, efficace. En ce qui concerne le chat, cependant, c'est une autre histoire, comme vous le confirmera tout félinophile.

Le chat a très peu changé depuis l'époque de son ancêtre, le chat sauvage d'Afrique. Chasseur solitaire, il n'a pas besoin de la présence d'autres chats autour de lui. Il peut apprécier une certaine interaction sociale, mais c'est davantage par choix que par nécessité.

Quiconque tente de rendre son chat obéissant en recourant aux méthodes traditionnelles utilisées avec les chiens n'aura aucun succès : le chat n'a rien à gagner à être avec nous si ce n'est la jouissance de cette intimité et il n'a nul besoin du soutien d'un groupe. Néanmoins, il a vécu parmi les humains depuis l'époque des Égyptiens et les deux parties y ont trouvé leur compte : les chats savent y faire avec la vermine et, de notre côté, nous aimons leur compagnie. Toutefois, nous n'avons jamais pu les dresser comme nous le faisons avec les chiens – ni physiquement, ni mentalement. Bien qu'ils se soient ajustés à nos vies casanières, les chats sont demeurés très indépendants et nous avons fini par considérer la chose comme allant de soi.

Puis, nous avons étudié le comportement du chat dans la nature. Nous avons observé ses cousins plus sauvages, les chats harets (autrefois domestiqués et retournés depuis à l'état sauvage), de même que les chats ordinaires, non pas ceux qui se contentent de s'asseoir sur nos genoux, mais ceux qui passent une partie de leur temps dehors, dans le jardin. Comme l'homme qui murmurait à l'oreille des chevaux, en découvrant davantage la véritable identité du chat, nous nous sommes rendu compte que cet animal est bien plus qu'une petite boule duveteuse ronronnante ; c'est aussi un chasseur étonnant qui fait preuve de fascinantes techniques de communication. Sans l'ombre d'un doute, en partageant la vie des hommes, le petit de la chatte peut devenir un authentique compagnon et vivre à leurs côtés sans rien perdre de sa dignité ou de ses capacités.

Petit à petit, nous avons contraint le chat à se rapprocher de nous et de notre vie moderne, et à partager, en ville ou en banlieue, son territoire avec un grand nombre d'autres spécimens de son espèce. Il s'est bien tiré d'affaire, hormis certains problèmes : à l'occasion, il laissera sa marque à l'intérieur comme à l'extérieur de la maison, ou il utilisera les meubles en guise d'arbres pour y aiguiser ses griffes. Les behavioristes de la nouvelle génération savent que pour comprendre notre chat et l'apprécier au maximum, il importe de savoir ce qui le motive et de lui allouer un espace lui permettant de donner libre cours à ses penchants naturels. Bien sûr, il faut tenir compte de nos limites et des règles élémentaires de sécurité afin de garantir la protection de chacun à l'intérieur de la maison. Savoir communiquer avec son chat devient d'une grande utilité quand surviennent les problèmes – causés la plupart du temps par un comportement naturel exprimé au « mauvais » endroit (mauvais du point de vue des humains). Quoi qu'il en soit, ces événements révèlent toujours que quelque chose ne va pas. Dans ces cas-là, comme l'homme qui murmurait à l'oreille des chevaux, il nous faut agir en prenant en considération la nature sauvage du chat et en allant vers lui pour qu'il ne nous craigne pas. Ce n'est que de cette manière qu'il modifiera son comportement et que l'harmonie reviendra au foyer.

Notre perception de nos animaux de compagnie et l'assistance que nous leur donnons pour qu'ils se sentent à l'aise dans nos vies ne cessent d'évoluer à mesure que nos connaissances s'élargissent. La possibilité pour un humain de communiquer avec son chat est désormais un principe acquis. Nous devrions tous chercher à mieux comprendre ce qui fait réagir nos petits félins si nous tenons à établir une relation plus satisfaisante avec eux.

Ce livre a pour but d'expliquer le comportement naturel du chat et de montrer comment on peut transférer cette connaissance dans nos rapports chat/humain, tant au quotidien qu'en situation particulière, lorsque surviennent des problèmes. Continuez à découvrir la personnalité profonde de votre chat et vous ne l'apprécierez que davantage, non seulement pour son comportement et ses talents, mais pour sa capacité de partager sa vie avec vous d'une façon si agréable et gratifiante. Comme l'homme qui murmurait à l'oreille des chevaux, n'ayez aucune gêne de vous pencher vers lui.

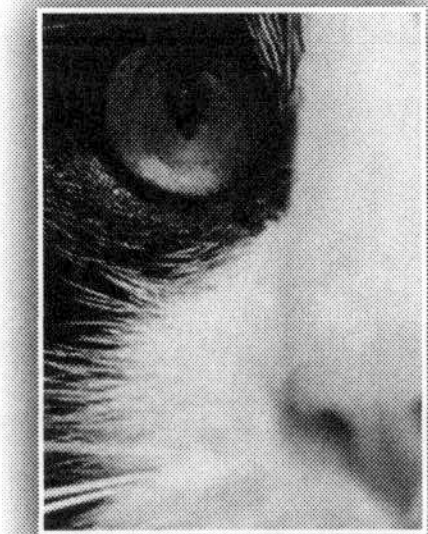

Chapitre 1

Un monde différent

Imaginez qu'ayant passé toute votre vie dans la jungle africaine, vous essayiez de communiquer avec un Inuit. Non seulement le langage serait différent, mais aussi bon nombre des références de la vie de tous les jours – comme les paysages, la végétation, la vie sauvage, les vêtements (ou l'absence de vêtements) les dangers et les simples routines quotidiennes. Même si les objectifs fondamentaux sont similaires, avoir un gîte assurant une température acceptable pour le corps et suffisamment de nourriture, la façon de les atteindre et leur importance, en termes de survie, ne le sont pas.

Quand nous essayons d'analyser les gestes et les raisons qui poussent les membres d'une espèce complètement différente de la nôtre à agir de telle ou telle manière, il est très instructif de découvrir la structure de leur univers et d'examiner quelques-unes des difficultés qu'ils doivent surmonter.

Bien légèrement, nous présumons que l'univers tourne autour de nous. Créatures imposantes, plutôt rigides en position debout, nous évoluons à loisir dans notre monde, dotés à la fois d'une bonne vision (à condition qu'il fasse jour), d'une ouïe assez fine pour entendre ce que disent et font nos semblables, et, enfin, d'un odorat plus ou moins développé. Pour sa part, même s'il vit dans le même environnement que nous, le chat voit les choses d'une manière très différente au moyen de ses sens, extrêmement développés, du toucher, de l'odorat et de l'ouïe, et il est influencé par des facteurs dont on soupçonne à peine l'existence. Grâce à sa constitution de parfait chasseur et à ses sens exercés à des tâches, qu'il accomplit avec des gestes si rapides et silencieux qu'on ne saurait les concevoir qu'en imagination, le chat peut se déplacer dans notre monde. Toutefois, il s'agit d'un monde que nous aurions peine à reconnaître – comme un Esquimau se retrouvant au milieu de la jungle !

Imaginez un instant que tout en vous déplaçant constamment à la hauteur du tibia des humains, vous puissiez franchir, d'un simple bond, une hauteur équivalant à cinq fois votre taille. Qui plus est, grimper à un arbre, sauter du haut d'une armoire, ou marcher en équilibre sur une étroite clôture, rien de cela ne constitue un grand défi pour un chat, qu'il soit âgé ou non. Avec un petit corps et des pieds agiles munis de coussinets silencieux pouvant se transformer illico en crampons ou en outils pour attraper ses proies, le chat est à la hauteur de la situation où qu'il soit : il peut survivre indifféremment dans l'Arctique ou dans le désert.

Le sens de l'équilibre du chat et sa capacité à retomber sur ses pattes ont acquis une réputation qui le nimbe de vertus quasi surnaturelles. En réalité, c'est sous l'impulsion d'une séquence de mouvements hautement coordonnés, qui entrent en jeu lorsqu'il tombe de haut, que le chat se garantit, presque infailliblement, un atterrissage sécuritaire. Plaçant sa tête à niveau, il se tourne ensuite de moitié face au sol et retourne enfin le bout de son derrière, de moitié également; puis, à l'aide de sa queue, il contrecarre tout risque de perdre l'équilibre et atterrit sur ses quatre pattes, le dos arqué pour amortir l'impact. Évidemment, cela ne signifie pas que les chats ne se tuent ou ne se blessent jamais en tombant – ça leur arrive, et souvent. S'ils n'ont pas bien évalué la manœuvre et ont mal atterri, ou s'ils sont tombés de très haut, sous le choc, ils risquent tout au moins de se casser une patte. Ils ne sont donc pas surnaturels!

Leur sens particulier de l'équilibre est localisé dans leur oreille interne. Il explique pourquoi les chats ne souffrent pas du mal du mouvement, cette sensation de nausée qui affecte les humains et les chiens, et qui survient surtout en bateau ou en auto, lorsqu'il faut changer fréquemment la position de la tête en fonction de celle du corps. Contrairement aux chiots ou aux enfants qui semblent en être plus affectés que leurs homologues adultes, habituellement les chats ne sont pas malades, bien qu'il arrive que certains d'entre eux n'apprécient pas de voyager en auto.

Souple et rarement maladroit, le chat possède un physique qui lui permet de réussir des exploits dépassant largement ceux de nos meilleurs athlètes et il ne connaît pas de prédateur (à l'exception de quelques spécimens humains). Ajoutez à cela ses fabuleux talents de chasseur, sa capacité de s'adapter à n'importe quel genre de vie, avec ou sans notre aide, et vous aurez démythifié l'air indépendant et suffisant du chat.

On peut se demander comment le chat sent, voit et entend. En quoi sa perception du monde peut-elle être si différente de celle de l'homme ?

Sentir la réalité

Si nous dessinons un humain en reproduisant les parties de son corps, grandes ou petites, en fonction de leur sensibilité au toucher, l'image déformée, appelée *homunculus,* grossira les mains, les lèvres, la langue et les parties génitales. Par contre, le dos, les jambes, les pieds et les bras deviendront relativement petits. Essayez de remonter à la source de vos propres sensations et songez à la manière dont vous utilisez le bout de vos doigts pour tenter par exemple de localiser une petite écharde dans votre pouce. Faute de la voir, vous ferez d'abord intervenir votre sens du toucher. En cas d'échec, vous recourrez immédiatement à un organe infiniment plus sensible que les doigts, c'est-à-dire le bout de votre langue. Si vous illustrez la même sensibilité au toucher à partir du corps d'un chat (ce qui pourrait être appelé un « *felunculus* »), la créature montrera une grosse tête (spécialement la langue et le nez) et d'énormes pattes. Pour intégrer cette image, prenez le temps d'observer un chat qui scrute un nouvel objet, ou qui s'exerce à jouer avec une proie ou encore qui s'approche furtivement de quelque chose d'étrange. Il touchera d'abord timidement l'objet avec sa patte, puis répétera le même geste avec un peu plus de confiance, pour s'en approcher davantage afin de l'examiner finalement avec son nez. Les coussinets de ses pattes sont très sensibles au toucher et aux vibrations – voilà pourquoi bon nombre de chats n'aiment pas qu'on les caresse à cet endroit. C'est peut-être comme si on leur chatouillait les pieds, une sensation que certains humains ne peuvent tolérer non plus.

Quoique sensibles au toucher, les coussinets du chat sont paradoxalement peu sensibles aux objets chauds ou froids. Le nez et la lèvre supérieure sont les seules parties de son corps très sensibles à ce niveau : il les utilise donc pour jauger la température de la nourriture et de l'environnement. Tel un petit missile, le très jeune chaton ira chercher la chaleur de sa mère à partir de son nez sensible. Même au premier jour de son existence, le bébé félin arrive à détecter et à suivre une dénivellation thermique, ce qui lui fait éviter ainsi les surfaces dures et froides et lui assure d'atteindre l'endroit le plus chaud et le plus doux auprès de sa mère.

Alors que le nez et les lèvres du chat lui sont utiles pour sentir la température de son environnement ou de sa nourriture, le reste de son corps est relativement insensible aux températures, hautes ou basses. Voilà sans doute pourquoi, à la grande horreur de son maître, le chat peut bondir, mine de rien, sur la plaque chaude de la cuisinière, ou se rouler dans la braise mourante d'un feu qui roussit sa fourrure. Alors que les humains fuiraient une température de 40 °C, qui leur est inconfortable, le chat peut sagement rester sans bouger dans une température beaucoup plus élevée, jusqu'à environ 52 °C. Il peut par exemple rester assis devant le feu ardent d'une cheminée ou ronronner sur un radiateur bouillant avec le plus grand des contentements.

Le chat est couvert de points sensibles très précis : des *touch spots,* (environ 25 points par centimètre carré de peau). Ce sont des zones cutanées où se trouvent de multiples nerfs sensibles au toucher. Si on asperge un chat, un simple filet d'eau le fera trembler : sa peau réagit par séquences successives et se ride littéralement quand les gouttelettes frappent chacun de ces points sensibles.

À travers les yeux d'un chat

Même si la structure de l'œil du chat est semblable à celle des autres mammifères, elle a ses propres particularités et spécificités. On pense de nos jours que le chat ne voit pas qu'en noir et blanc mais que de fait, il peut distinguer un peu les couleurs. Pour estimer dans une certaine mesure sa vision, tentez cette expérience en utilisant votre petit écran. Diminuez d'abord l'intensité des couleurs jusqu'à ce qu'il n'y ait plus que du bleu et du vert, et imaginez ensuite que le rouge fade en résidu soit gris, et vous partagerez à peu de chose près l'univers des couleurs de votre animal favori.

Parce qu'il chasse ses proies au crépuscule, quand la plupart des petits rongeurs sont à l'œuvre, le chat n'a pas vraiment besoin de distinguer les couleurs. Le crépuscule offre un genre de lumière très particulière qui atténue et adoucit les couleurs. Malgré une clarté relative qui nous apparaît suffisante, en réalité notre vision est affectée. C'est ce qui explique les risques accrus d'accident de la route à la tombée de la nuit et pourquoi on demande aux gens de porter un vêtement blanc pour être plus visibles. Il en va autrement pour le chat : c'est à cette heure de la journée qu'il devient vraiment lui-même.

Par ailleurs, en dépit du fait qu'à la lumière du jour, il ne distingue pas les mêmes détails que nous et qu'il ne peut se concentrer sur des objets rapprochés (c'est à une distance de 2 à 6 mètres qu'il voit le mieux), quand vient le temps d'observer des mouvements, le chat n'en rate pas un. Certaines cellules nerveuses spéciales de son cerveau le font réagir aux plus petits mouvements, ce qui représente un avantage évident pour un chasseur. Des réflexes rapides comme l'éclair, qui sont propres aux félins, de même qu'une capacité de jauger avec une grande précision la distance, voilà les atouts qui permettent au chat de se diriger tout droit vers sa proie à une vitesse dévastatrice. Cependant, si cette dernière fige sur place – une stratégie de défense qu'apprennent plusieurs espèces –, le chat pourra la perdre de vue. En revanche, si le chat a déjà identifié la petite créature, il pourra réévaluer la position de sa proie avant de l'attaquer en exécutant ce trémoussement familier de son derrière qui altère légèrement sa vision de chasseur. De cette façon, il stimulera la sensibilité de ses yeux aux mouvements.

Toute proportion faite avec la dimension de sa tête, le chat a de très grands yeux, et l'on pense que cette similitude avec les bébés humains explique en partie l'attrait qu'il exerce sur nous. Comme les bébés, les chats naissent avec les yeux bleus. Cependant, la caractéristique la plus étonnante de leurs yeux à l'âge adulte est leur splendide couleur qui emprunte toutes les teintes de jaune, de vert, de bleu, de lavande ou d'orangé. Cette couleur étincelante dans l'iris n'a d'autre fonction que de recouvrir un mécanisme très spécial, comme le fait la superbe peinture d'une voiture de course. Les muscles de l'iris modifient la position de la pupille pour permettre à une quantité adéquate de lumière de pénétrer dans l'œil. On dirait un rideau devant l'œil – quand il est complètement tiré, il laisse passer très peu de lumière. En plein soleil, vous ne pouvez voir au centre de l'œil qu'une bande verticale de la pupille, minuscule et sombre, de sorte que la couche sensible de cellules, appelée la rétine, derrière l'œil, se trouve protégée contre une éventuelle surexposition. Quand la lumière est faible, l'iris change de position, permettant à la pupille de se dilater et à plus de lumière d'y entrer.

L'heure du coucher du soleil ne signifie pas pour le chat que tout disparaît dans le noir. Non seulement la pupille s'ouvre l'équivalent d'un centimètre de diamètre (alors l'œil entier paraît noir), mais une couche spéciale de cellules derrière la rétine réfléchit toute lumière résiduelle qui n'a pas été absorbée durant la séquence, de sorte que l'œil a une deuxième chance pour capter l'image. Cette couche pigmentaire de cellules, appelée le *tapetum*, agit comme un miroir et elle est responsable de l'éclat doré ou vert des yeux du chat saisis par les phares d'une auto. L'incandescence de ses yeux est si frappante que les Égyptiens ont divinisé l'animal à cause de cette particularité. L'image étrange que nous voyons sur les photos prises à l'aide d'un flash – des yeux d'un vert fluorescent au lieu de la couleur chaude jaune ou orangée qui leur est habituelle – est causée par la même couche réfléchissante. Fait intéressant, les yeux bleus des chats siamois brillent d'une sorte de couleur rouge sang sur les photos prises à l'aide d'un flash parce que leur couche de cellules réfléchissantes est légèrement différente de celle des autres chats. Les gens prennent souvent des photos dans l'espoir de capter l'exacte beauté de la couleur des yeux d'un chat, mais ces efforts peuvent être très frustrants quand, au bout du compte, on n'obtient que deux braises vertes. Des photos prises à la lumière naturelle, dans le jardin par exemple, devraient rendre la couleur de l'œil dans toute sa splendeur, à condition que le chat veuille bien rester sans bouger. Aussi, non seulement la pupille du chat peut s'ouvrir très grand et doubler son taux d'absorption de la lumière, mais la rétine de son œil dispose de cellules nerveuses très sensibles au contact de la lumière. Sa capacité visuelle dans un faible éclairage est environ six fois plus élevée que la nôtre. De plus, en tel cas, la vision du chat rivalise ou dépasse les performances de bien des instruments scientifiques, et le crépuscule équivaut probablement à ce qu'est la lumière du jour pour nous.

L'œil n'est pas qu'un instrument étonnamment sensible chez le chat; c'est aussi un indicateur de son humeur. On dit que les yeux sont les fenêtres de l'âme, et que le plaisir, la peur ou l'excitation peuvent faire se dilater la pupille, mais nous y reviendrons plus loin.

«Voir» par le toucher

Comme vous le confirmera tout non-voyant, voir ne se limite pas simplement à regarder avec les yeux. Les autres sens peuvent aussi «aider» l'animal à voir. La moustache avec ses poils tactiles (vibrisses) est un instrument très sensible qui fonctionne sur le mode sentir-voir. Si vous regardez le chat de côté, quand il est éclairé par-derrière, vous distinguerez très nettement non seulement la douzaine de poils disposés en rangée sur le dessus de la lèvre, mais vous en verrez aussi quelques-uns au-dessus de l'œil et sur le menton. On trouve également des poils similaires, épais et rêches, sur les coudes du chat. Ils constituent une sorte de «champ de sensibilité accrue»; ils sont stimulés par le plus petit déplacement d'air, parfois aussi léger qu'une brise, et tombent au besoin en mode alerte.

Les poils de la moustache sont enracinés dans une couche de peau plus profonde que celle qui accueille les autres poils. En se courbant, ils agissent comme des leviers, amplifiant les plus petits mouvements.

Ce phénomène a pour effet de stimuler l'extrémité des nerfs qui détectent ainsi la vitesse et la direction d'un mouvement et de fournir au chat une information détaillée sur ce qui l'entoure. On pense même que les poils permettent au chat de sentir les minuscules perturbations atmosphériques qui se produisent autour des obstacles et de « sentir » leur présence, même s'il ne peut pas les voir. Ces captations nerveuses empruntent le même chemin vers le cerveau que l'information transmise par les yeux. Le cerveau utilise alors les deux systèmes pour construire une image tridimensionnelle de l'environnement.

Un chat sans moustache peut se sentir vulnérable s'il se déplace dans le noir ou s'il s'engage dans des espaces étroits. Dans un faible éclairage, quand la pupille est complètement dilatée pour laisser entrer le maximum de lumière, l'œil est moins en mesure de discerner les objets rapprochés – aussi, le chat utilise-t-il sa moustache pour détecter ce qui se trouve dans son environnement immédiat. Tout contact avec sa moustache lui fait fermer les yeux, un réflexe qui prévient les blessures à l'œil dans le cas, par exemple, du rebondissement d'une branche ou d'un brin d'herbe dans son œil. Cette mesure protectrice est vitale pour le chasseur lorsque ses yeux sont rivés à une proie qui bouge dans les haies, le gazon, ou encore autour de petits orifices. Un chat dont la vue est mauvaise bouge la tête d'un côté, puis de l'autre et marche en utilisant sa moustache comme un dragueur de mines, ou comme une personne aveugle qui se sert de sa canne blanche pour contourner les trous et les obstacles. Aux États-Unis, on a muni certains chiens aveugles d'une « moustache » consistant en des bâtons de plastique flexibles fixés au collier du chien de l'un ou l'autre côté de sa face. Ainsi équipées, les bêtes arrivent non seulement à se repérer autour de la maison, mais elles évitent sur leur route les obstacles qui toucheraient leur « moustache » et s'arrêtent quand celle-ci perd le contact avec le sol, ce qui leur évite de trébucher. Ces « moustaches » ont redonné le goût de la vie autonome aux chiens aveugles. Ils devraient remercier leurs cousins félins qui ont su inspirer les chercheurs.

Le chat utilise aussi sa moustache pour sentir sa proie quand vient le temps d'exécuter le bond final et de saisir l'animal avec ses griffes et ses dents. La chasse se révèle toujours un moment très excitant pour lui : son corps est tenu en alerte maximale par l'adrénaline, laquelle justement provoque aussi la dilatation de la pupille de l'œil. Cette modification empêche le chat de concentrer sa vision sur des objets très rapprochés, comme la musaraigne qu'il tient dans sa gueule. Pour sentir la bonne position qui lui permettra de porter la morsure fatale au cou de sa proie, le chat utilise sa moustache comme « une troisième main » ; voilà un petit extra dont nous aimerions souvent disposer…

En examinant la face de votre chat, n'avez-vous jamais remarqué, éparpillés parmi les poils de la moustache supérieure, de nombreux points noirs qui font penser à une suite de grains de beauté ? Les chercheurs ont étudié cette particularité chez les lions, et ont trouvé que la position de ces points et l'ensemble qu'ils forment diffèrent pour chaque lion, sont uniques, à la manière de nos empreintes digitales qui nous singularisent. Personne n'a jusqu'à maintenant étudié ces configurations de points noirs chez les chats domestiques (on aurait un peu de difficulté avec les chats noirs). De toute façon, nos chats ont bien d'autres manières de se distinguer, mais la découverte est intéressante.

Entendre

On a toujours considéré le chien comme l'animal de compagnie doté de l'ouïe la plus fine. Cette croyance a entraîné un engouement pour les sifflets silencieux à ultrason, et on a d'abord pensé que les chiens pourraient les entendre. Le fait que la plupart des gens soient revenus à la bonne vieille méthode (crier et siffler entre les dents), démontre probablement que les humains n'arrivent pas à comprendre ce qui est invisible ou inaudible pour eux et refusent d'admettre que leurs chiens sont tout simplement mal entraînés. De fait, au chapitre de la sensibilité auditive, le chat peut capter des sons d'une fréquence plus aiguë que le chien – jusqu'à environ 50 KHz. Pour l'humain, le niveau se situe approximativement à 20 KHz ; ainsi, beaucoup des sons émis par les petits rongeurs, les principales proies des chats, nous échappent.

Les oreilles mobiles du chat peuvent chacune, indépendamment, effectuer une rotation de 180 degrés, ce qui lui permet de capter tous les bruits et les sons autour de lui sans avoir même à bouger la tête. Un chat qui « dort » au soleil continuera de bouger ses oreilles comme des soucoupes de radar, et scannera les environs pour détecter tous les indices de danger ou les bruits venant de proies éventuelles. Trente muscles (les humains n'en ont que six) contrôlent chaque oreille externe et acheminent les sons dans l'oreille interne. Localiser une proie au son avec exactitude suppose que le chat puisse avancer promptement et qu'il ne compte pas uniquement sur sa vue pour connaître la position de l'animal. Un petit événement survenu dans notre jardin un beau soir d'été illustre merveilleusement ce fait. Nous avons aperçu Figaro, notre as chasseur noir et blanc, en train de traverser la pelouse avec une souris dans la gueule. Mon mari et moi nous nous sommes précipités pour tenter un sauvetage et, alors que nous courions vers lui, Figaro a laissé tomber sa proie et s'est enfui. Nous nous sommes mis à chercher consciencieusement la souris dans le gazon fraîchement coupé, car nous voulions la relâcher dans un endroit sûr (à condition qu'une telle chose soit possible avec un chat à la chasse!). Avantagés par la hauteur de notre taille et sûrs de pouvoir la trouver rapidement, nous avons tous deux poursuivi frénétiquement notre fouille, avançant le dos courbé, prêts à la recueillir. Soudainement, Figaro a surgi d'un des côtés de la pelouse et, d'un mouvement plein de grâce, a attrapé la souris et s'en est allé illico la déchiqueter dans la haie. Tout ce temps, la souris était juste sous notre nez et pourtant ni l'un ni l'autre ne l'avons vue. À bonne distance, Figaro avait repéré sa proie et l'avait entendue bouger, puis il l'avait capturée d'un mouvement sûr et rapide, nous laissant furieux contre lui, pour avoir été si habile, et contre nous-mêmes, pour ne pas avoir pensé à enfermer le chat dans la maison.

Ce n'est pas toujours facile dans de tels cas de juger s'il faut intervenir et essayer de sauver la victime ou laisser la nature suivre son cours. Après avoir tenté plusieurs interventions avec Figaro, qui est un si bon chasseur, j'en suis venue à la conclusion qu'il ne vaut la peine de sauver la petite bête que si elle n'a pas été trop blessée. Souvent, Figaro entre dans la maison avec l'oiseau ou la souris qu'il vient d'attraper. Le meilleur moyen que j'ai trouvé pour lui faire lâcher prise est de jeter sur lui un morceau de tissu (comme un torchon pour la vaisselle à portée de main). C'est de loin plus efficace que de se livrer à une lutte. L'oiseau se met alors à voleter à travers la cuisine et on doit aller le récupérer, parfois derrière le réfrigérateur; cependant, il s'en tire pas trop blessé, avec tout au plus un choc, et on peut le libérer. Je crains que la moyenne de mes succès dans mes tentatives de garder et de nourrir ces oiseaux ou ces petits mammifères soit virtuellement nulle. Par conséquent, quand la petite bête semble très blessée, plutôt que jouer au docteur et de prolonger ainsi son agonie, je la laisse au chat en espérant qu'il l'achève rapidement.

À l'aide de ses sens du toucher et de l'ouïe, un chat aveugle va, en jouant à le pousser, suivre un jouet au sol et peut même chasser avec succès. Un observateur ne devinera le handicap du chat qu'au moment où le jouet se retrouvera dans les airs. En l'absence de friction et de vibration du jouet ou de tous ces petits bruits qui permettent de déterminer avec exactitude sa position, le chat perd alors instantanément sa capacité de chasser. Utilisant son acuité auditive, et « sentant » avec sa moustache dans un rayon étroit, le chat aveugle surmonte plutôt bien son handicap. Même si le monde du chat est également rempli de bruits trop faibles ou de sons aux fréquences trop élevées pour notre oreille, nous pouvons, en jouant avec nos compagnons félins, utiliser leur fascination pour les sons. Ils aiment souvent s'amuser avec des matières comme la cellophane qui produit des craquements aigus et des bruits semblables à ceux qu'ils repèrent quand ils chassent. Parce que les chats ont une telle acuité auditive, ils sont capables d'utiliser un large vocabulaire pour communiquer. Ils répondent à des sons aigus qui rappellent les petits cris des chatons, et ont un répertoire spécial selon qu'ils s'adressent à nous ou aux autres chats. En 1932, des chercheurs français ont rapporté qu'un son équivalent à un certain mi aigu constituait un stimulus sexuel puissant chez les chats. Il est probable que le miaulement des matous excite les autres matous tout en les dissuadant de s'approcher, et qu'il rend la femelle des lieux plus réceptive à l'accouplement. Il arrive que des chats réagissent à certains instruments de musique ou répondent à certaines notes. Un scientifique a entraîné des chats à répondre au do moyen émis par un sifflet. Il a découvert qu'ils pouvaient différencier à un demi-ton près cette note de celles émises par les autres sifflets – un exploit dont peu d'humains peuvent se vanter. Les chats en viennent à reconnaître les sons familiers comme le pas de leur propriétaire ou le son du moteur de l'auto familiale et se lèvent d'un bond en entendant le son du tiroir des couverts ou le couinement de l'ouvre-boîte à l'heure des repas. S'ils réagissaient à chaque son capté par leur oreille, leur cerveau serait continuellement surchargé d'une grande quantité d'informations et il leur serait impossible de sélectionner parmi tous ces bruits ceux qui annoncent le danger, la nourriture ou le défi. Aussi ont-ils la capacité de relayer au second plan les bruits sans importance et familiers en demeurant par contre réceptifs à tout bruit non familier. Comme les gens vivant près d'une voie ferrée, ils ne remarquent pas le passage d'un train alors que leurs invités s'étonnent que leurs hôtes puissent s'accommoder de ce grondement constant. Certains chats au pelage blanc naissent « sourds » (un trait héréditaire lié à la couleur de leur robe), et les vieux chats peuvent éprouver des problèmes auditifs majeurs ; en de tels cas, leurs autres sens serviront de palliatif. Tout comme les malentendants, les chats atteints de surdité apprennent à « entendre » autrement : au moyen de leurs pattes, ils parviennent à percevoir des vibrations qui échappent aux voyants que nous sommes. Nous sommes probablement trop enferrés dans nos conceptions sur nos sens de la vue et de l'ouïe.

Sentir et goûter

Si vous apprivoisez maintenant l'univers du chat en faisant carrément vôtre sa perception plutôt neutre des couleurs, son excellente vision nocturne, ses vibrisses qui peuvent « voir », de même que ses pieds qui peuvent « entendre », vous êtes prêt à entrer dans un monde encore plus étrange, celui des odeurs. Le chat est littéralement enveloppé par des odeurs très intenses. Pour arriver à les mesurer justement, imaginez-vous en train de nager dans divers fluides de couleurs, de textures et de goûts, où chacun d'entre eux vous fournirait une information sur l'environnement aussi bien immédiat que passé. Si nos propres sens de la vue et de l'ouïe sont assez bons, toute comparaison faite, question odorat, il faut l'admettre, nous sommes vraiment mal équipés.

Les chats possèdent le même type de cellules détectrices d'odeur que nous dans la paroi du nez. Grâce à elles, ils identifient les particules en suspension dans l'air. La membrane sur laquelle se trouvent les cellules olfactives est à peu près de la dimension d'un mouchoir que l'on aurait plié et replié maintes et maintes fois. Toutefois, elle fait deux fois la dimension de la membrane du nez humain et plus de 200 millions de cellules y travaillent. Voilà ce qui explique la stupéfiante sensibilité aux odeurs des félins. Les chiens ont davantage de cellules mais en revanche, ils doivent suivre leurs proies à la trace. Les chats ne se guident pas d'après leur odorat quand ils chassent mais ils traquent leurs proies en utilisant leurs sens de l'ouïe et de la vue. Leur odorat entre en jeu davantage comme un moyen de communication, pour interpréter les marques et lire les messages laissés derrière par leurs camarades félins et aussi, habituellement par inadvertance, par les autres membres de leur groupe, incluant les autres animaux domestiques et les humains.

Les récepteurs de goût situés sur la langue du chat lui permettent de reconnaître les substances qu'il lèche, lape ou mâche. Sa langue fonctionne tant comme un peigne que comme un organe du goût. Au centre se trouvent des crochets tournés vers l'arrière qui aident aussi bien à tenir la proie qu'à lécher les aliments ou à détacher les touffes de poils emmêlés de sa fourrure. Les cellules sur la langue sont sensibles à la température et au goût – même à celui de l'eau. Singulièrement, les chats ne connaissent pas le goût « sucré » (certains ont ce que l'on pourrait penser une « dent sucrée » et adorent le chocolat et le gâteau, mais en réalité, tout ce qu'ils goûtent c'est quelque chose d'étrange). Parce que les chats sont fondamentalement carnivores, on ne sera pas étonné d'apprendre que leur goût est stimulé par les éléments chimiques contenus dans les protéines. Non seulement les graisses dans les viandes ont pour eux des goûts différents, mais elles leur sont identifiables rien qu'à l'odeur. De sorte que votre félin perspicace peut lever le nez sur le poulet ou le bœuf et demander du saumon fumé simplement parce qu'il en a capté un effluve au passage.

Et comme si un excellent sens de l'odorat et un goût sélectif ne suffisaient pas, les chats ont à leur disposition une méthode supplémentaire qui combine ces deux atouts. Quand les particules chimiques dans l'air (qui de fait constituent l'odeur) sont captées dans la bouche, le chat presse sa langue contre la voûte de son palais pour les transférer dans un mince tube de cartilage d'une longueur d'environ 1 cm, situé au-dessus de la voûte du palais. Ce tube s'ouvre juste derrière les dents d'en avant. C'est ce qu'on appelle l'organe voméronasal, ou l'organe de Jacobson, qui permettrait au chat de concentrer les odeurs et les goûts simultanément. Lorsqu'il capte certaines odeurs, comme celle de l'urine des femelles en chaleur, le chat a un étrange comportement : il s'arrête, étire son cou, ouvre sa gueule et retrousse sa lèvre supérieure. De cette manière il aspire le plus d'air possible dans l'ouverture de l'organe de Jacobson afin de pouvoir le « sentir/goûter ». Le chat peut garder cet air aspiré dans la cavité de sa bouche pendant sa respiration normale. Cette réaction, qui ressemble à une grimace, est appelée l'attitude flehmen. On l'observe aussi chez les daims et les chevaux et elle est plus évidente chez ces animaux parce qu'ils sont plus grands et en font plus fréquemment la démonstration.

Même si le phénomène flehmen se voit plus fréquemment chez les matous en train de flairer l'urine des chattes, les chats des deux sexes, entiers ou castrés, y ont volontiers recours. Pour ma part, la première fois où j'ai constaté le flehmen-séduction de notre chatte, ce fut quand elle s'est mise à sentir la couche mouillée de notre nouveau bébé. Le contact de l'herbe à chat entraîne la même réaction. En effet, un certain composé chimique contenu dans la plante semble produire un effet euphorisant chez environ 50 % de l'espèce. Miaulant et devenant plutôt excités, les chats pétrissent alors le sol, s'y roulent ou s'y frottent comme avant l'accouplement. L'odeur ressemblerait-elle à celle des chattes en chaleur ? On a émis l'hypothèse que l'herbe à chat affecte la sensibilité de la peau du menton et de la tête et stimule les glandes qui incitent le chat à se frotter sur à peu près tout ce qui l'entoure. Encore là, les matous entiers (des mâles non castrés) ont tendance à réagir d'une façon beaucoup plus extatique, mais plusieurs chats semblent apprécier l'effet psychédélique de l'herbe à chat que l'on met dans les jouets expressément pour cette raison. Les voies biochimiques affectées par l'odeur de l'herbe à chat sont les mêmes que pour la marijuana et le LSD chez l'humain, mais l'effet chez les chats est de courte durée, inoffensif et n'entraîne pas de dépendance.

Cette réaction n'est pas exclusive aux chats domestiques: les lions de l'Afrique entre autres se frottent, se roulent et mordent les plantes à l'instar de leurs cousins.

Quand un chat est vieux ou malade, surtout s'il souffre d'infection des voies respiratoires, ses sens de l'odorat et du goût peuvent s'émousser et son appétit, diminuer. Si on lui donne de la nourriture que l'on chauffe à la température du corps pour en libérer l'odeur, ou qu'on lui sert des aliments qui ont une forte odeur (du poisson fumé ou du foie), on stimulera ses glandes gustatives et cela l'aidera à retrouver l'appétit.

FLEHMEN

Vous devez observer votre chat attentivement pour identifier la réaction flehmen : le chat lève la tête et retrousse légèrement les lèvres, aspirant l'air dans un organe spécifique situé dans la voûte du palais pour « goûter/sentir » l'air. Environ 50 % des chats réagissent de la même façon à l'odeur de l'herbe à chat. On pense que cette herbe agit sur les mêmes circuits chimiques que le LSD chez l'humain, mais chez les chats l'effet est de courte durée, inoffensif et n'entraîne pas de dépendance. On en trouve souvent dans les jouets pour chats pour les stimuler à se frotter, à se rouler et à réagir aussi en miaulant.

Une fois que nous avons mesuré la réelle capacité olfactive du chat et que nous avons cherché à mieux connaître son monde et celui des autres animaux, y compris les autres chats, nous sommes mieux outillés pour le nourrir, le nettoyer et comprendre son comportement.

Un sixième sens ?

Pendant de nombreuses années, les histoires de chats doués d'étranges capacités de prédire les désastres naturels ou les changements atmosphériques ont abondé. La plupart concernent des chats montrant des comportements bizarres avant un orage, l'éruption d'un volcan, un tremblement de terre et même avant des phénomènes moins naturels, comme les raids aériens. (Durant la Seconde Guerre mondiale, beaucoup de propriétaires de maisons réalisèrent vite qu'ils pouvaient considérer leur chat comme un système radar de préalerte fiable dès qu'ils le voyaient s'agiter avant le déclenchement de la sirène.) Souvent les histoires évoquent une chatte transportant ses petits hors d'un endroit, qui allait être plus tard dévasté par une inondation, un glissement de terrain ou la lave d'un volcan, pour trouver un refuge sécuritaire ; ou un chat attrapé entre quatre murs essayant désespérément de sortir. En 1979, avant le fameux tremblement de terre qui a sévi en Californie, plusieurs témoignages font état de messages de détresse émis par les chats. De tels avertissements sont maintenant considérés avec un tel sérieux aux États-Unis que les sismologues de ce pays, avec la collaboration de plus de 10 000 observateurs bénévoles, sont en train d'étudier le comportement de plus de 200 espèces d'animaux. S'ils remarquent quoi que ce soit de particulier, les observateurs doivent rejoindre un service téléphonique en communication constante avec les spécialistes des tremblements de terre. En Chine, un tel système est aussi en vigueur. En 1975, alertées par le comportement des chats et des autres animaux, les autorités de Haicheng ont ordonné l'évacuation de la ville vingt-quatre heures avant que la zone ne soit dévastée par un terrible tremblement de terre. Il faut bien l'admettre : si nous vivons dans une région à risque, tous les signes avertisseurs sont bienvenus.

Plusieurs théories expliquent pourquoi les chats seraient capables de prédire ces événements. Lors de pluies torrentielles, une grande quantité de décharges électriques se produisent dans les nuages et créent des ondes magnétiques qui se répandent dans l'atmosphère à des centaines de kilomètres à la ronde. L'air se charge d'ions positifs qui, croit-on, influencent la concentration de certains composés chimiques dans le cerveau. C'est pour cette raison que certaines personnes éprouvent un mal de tête juste avant le déclenchement du tonnerre. Le chat est infiniment sensible à ces ions, et les modifications que subit son cerveau provoquent un changement notable de son humeur et de son comportement. Il peut mettre à contribution son organe de Jacobson pour prélever des molécules de faibles concentrations dans l'air et ainsi être averti des changements plus violents à venir (un volcan qui commence à fumer et à libérer ses gaz sans donner toutefois de signes extérieurs évidents d'éruption). On dit que certains chats se frottent les oreilles avant une pluie forte : ils réagissent probablement aux changements de pression qui agitent leur oreille interne sensible.

Chez le chat, la sensibilité des pieds et de la moustache aux vibrations donne à penser qu'il ressent peut-être les secousses infimes qui précèdent un tremblement de terre. Étant donné son extrême sensibilité aux vibrations et sa capacité de capter les ultrasons ou de détecter les changements magnétiques, il n'est pas farfelu de conclure que le chat peut sentir l'imminence d'une tempête ou d'un tremblement de terre. En fait, sans avoir besoin de sirène, il peut très bien les détecter des heures avant que nous, les humains, ne soyions devant le fait accompli.

Alors que la prédiction de tremblements de terre et autres phénomènes physiques peut s'expliquer à la lumière de la science moderne, il subsiste plusieurs autres énigmes à propos du sixième sens des chats. Beaucoup de témoignages parlent de chats qui anticipent le retour de leur maître après une longue absence et cela, sans que rien d'évident n'ait pu les en avertir. On a aussi entendu une multitude de récits, quelques-uns étayés de preuves, et non seulement d'ouï-dire anecdotiques, de chats voyageant sur des centaines de kilomètres après avoir été abandonnés durant les vacances, ou qui sont retournés à leur ancienne maison après un déménagement. Les chats sont des animaux remarquablement doués pour s'orienter. Ils le doivent peut-être à une sensibilité magnétique innée leur conférant la même capacité d'autoguidage que les pigeons. Ils ont aussi une horloge interne étonnamment précise ; c'est ainsi qu'ils vont, à la même heure chaque jour, au-devant des enfants qui rentrent de l'école ou qu'ils attendent près de leur plat à la même heure chaque soir.

Plus étranges encore sont les histoires de chats qui se sont enfuis de la maison pour retrouver leur maître à de très grandes distances et dans des endroits où ils n'étaient jamais allés auparavant. L'une de ces histoires a pour vedette un chat dont les maîtres devaient emménager dans une nouvelle maison située à 300 kilomètres. Le jour du déménagement, pour une raison ou une autre, le chat fut laissé derrière, mais il réapparut plus tard dans la nouvelle maison ! Comment ces chats peuvent-ils avoir seulement une idée de la bonne direction à prendre ? Plus encore, comment localisent-ils une maison inconnue située si loin ? C'est un mystère total, mais il s'agit là, sans aucun doute, d'un fait exceptionnel. Il y a suffisamment de témoignages à propos d'événements étranges semblables pour que nous voulions en connaître davantage et finalement savoir, comment il se fait qu'un chat, ou plutôt certains chats, soient capables de tels exploits.

Astuces : mettez-vous dans la peau de votre chat

Utilisez votre imagination pour entrer dans la peau de votre chat. Voyez à travers ses yeux et un nouvel univers s'ouvrira devant vous. Imaginez un peu :

- Pieds nus sur le sol, vous sentez les textures et les vibrations – comme si vous marchiez avec vos mains.
- Pour vous hisser plus haut, sans hésiter vous franchissez d'un bond une hauteur de 7 mètres.
- Vous tombez du plus haut tremplin d'une piscine et, au lieu de vous en formaliser, vous tournez sur vous-même comme un acrobate et vos pieds touchent l'eau en premier.
- Votre colonne vertébrale est si souple que vous pouvez vous pencher et vous tordre, puis toucher votre dos avec votre langue tout

en passant une jambe par-dessus votre tête. Toutes ces contorsions deviennent une affaire de routine.

- Bien que votre corps ne ressente à peu près pas les changements de température, vous découvrez que votre nez et vos lèvres y sont aussi sensibles que le bout de vos doigts.
- Vous voyez le monde autour de vous fait d'ombres fades vertes ou bleues, floues sur les côtés.
- Vous sortez la nuit dans une zone où il n'y a aucune lumière et vous ne trébuchez pas – vous êtes capable d'y voir aussi bien que si vous utilisiez l'une de ces caméras infrarouges dont se servent les militaires dans leurs manœuvres.
- Vous avez des poils autour du visage qui constituent un champ de sensibilité par lequel vous pouvez sentir une brise infime, plus légère qu'une toile d'araignée que l'on frôle en passant dans le noir.
- Vous percevez un couinement, si faible soit-il, et vous êtes capable de localiser instantanément la souris qui l'a émis.
- Vous entrez dans une pièce les yeux fermés et vous pouvez dire non seulement qui s'y trouve mais aussi qui vient d'en sortir.
- Vous pouvez goûter des odeurs et vous êtes capable d'identifier la viande à son odeur.

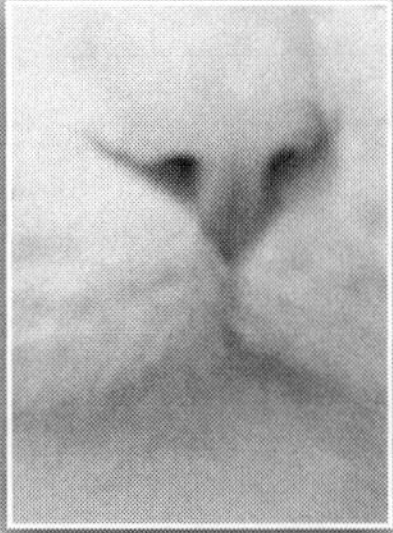

Chapitre 2

Le langage du chat

Le chat, bardé de sens extraordinaires, ne les utilise pas uniquement pour avoir sa nourriture quotidienne. Il s'en sert pour jouir d'une vie sociale riche et complexe, avec nous et ses semblables, au moyen du langage du corps, des expressions vocales et des odeurs. Nous pouvons, avec un peu d'observation, comprendre quelques formes de langage corporel chez le chat (même si on ne peut en saisir toutes les subtilités) et interpréter les intonations de ses appels, de ses miaulements et de ses ronronnements. Son troisième outil de communication, celui de l'odeur, est pratiquement perdu pour nous (sauf si on est assez « chanceux » pour capter un effluve de jet urinaire de notre bon vieux matou). Mais de tous les sens du chat, c'est celui qui est le plus puissant, et il constitue une partie essentielle de sa vie.

Le langage de l'odeur

Un chaton nouveau-né, aveugle et sans défense, fera naturellement appel à son odorat et à son toucher, très développés, et, se guidant sur la chaleur détectée, il se dirigera vers les tétines de sa mère. À l'odeur, il finira par reconnaître la tétine qui lui est réservée et tentera d'y retourner à chaque allaitement. De son côté, la chatte distinguera ses petits par l'odeur qu'ils dégagent et celle qu'elle laisse elle-même sur eux à chaque contact. Ainsi un mode de communication s'établit, basé sur l'importance de l'odeur.

Échanges d'odeurs

Les chats ont à la base de la queue et sur la peau du menton, des lèvres et des tempes certaines zones où des glandes sébacées spéciales produisent une sécrétion grasse qui leur est spécifique. Chacun, pourrait-on dire, est muni de sa carte d'identité. Ils utilisent cette odeur pour marquer leurs zones et celles des autres chats, des humains et des autres animaux. Quand vous caressez votre chat, remarquez comment il frotte son menton, ses lèvres et sa tête le long de votre main. Un simple toucher dans ces endroits précis semble donner à ces derniers plus de plaisir que ne le ferait une simple caresse de la tête et du dos. En les chatouillant, nous répandons leur odeur et la mêlons à la nôtre. Les lions vont se frotter mutuellement la tête et se barbouiller de la même manière pour créer une odeur collective ou commune synthétisant les éléments de tous les membres amicaux de la troupe. Cette pratique leur permet à la fois de se reconnaître et de détecter instantanément la présence d'un intrus. Pour être accepté dans le groupe, tout nouveau venu doit se mêler aux autres et en adopter l'identité. On le regardera d'abord probablement avec une certaine méfiance jusqu'à ce qu'il ait « mérité » le droit d'être un membre accepté. Durant cette période de probation, il sera probablement imprégné de l'odeur du groupe, et, de son côté, il ajoutera la sienne. Dès lors, il aura sa carte de membre et il sera reconnu et accueilli par les autres félins, comme nous acceptons et reconnaissons une nouvelle personne dans notre groupe. Même si nous n'en sommes pas vraiment conscients, nous avons gardé un peu de cette faculté de reconnaître les odeurs. Des expériences chez les humains ont démontré que les mères peuvent, rien qu'en le sentant, identifier le t-shirt de leur enfant et reconnaître l'odeur de leur propre bébé quelques jours après sa naissance. Certains flaireront une odeur « familiale » sur les t-shirts portés par la mère et l'enfant, ou discerneront la leur ou celle d'un partenaire sur un vêtement. Alors, nous aussi avons une certaine capacité de détecter une famille ou un groupe à son odeur. En ces temps d'emploi à tout crin de désodorisants, nous faisons tout pour éliminer la moindre trace d'odeur corporelle. Notre propre odeur nous dérange souvent ; pourtant, certains des parfums parmi les plus chers que nous utilisons contiennent des sécrétions de la poche anale de divers animaux, entre autres les civettes, qui sont des créatures d'Afrique et d'Asie ressemblant aux chats.

Dans le cas du chat domestique, le groupe, la maison et le territoire ont un profil odorant bien défini. Une nouvelle odeur, celle d'un bébé, d'un animal en visite, ou même d'un nouveau meuble peuvent altérer cette odeur habituelle et briser l'harmonie entre la bête et son environnement. Heureusement, en général, la perturbation est temporaire. Cependant, si le chat est très sensible et facile à déranger, une nouvelle odeur provoquera à l'occasion des problèmes, tels les arrosages d'urine dans la maison. En présence d'un défi ou d'un dérangement, le chat tente de se rassurer et de surmonter l'insécurité causée par l'odeur étrangère en ajoutant la sienne. Plus loin dans ce livre, vous découvrirez quelques conseils pour savoir comment reconnaître et résoudre ces problèmes.

Des messages subtils

Quand des chats amicaux se rencontrent, ils se frottent mutuellement la tête, le flanc et la queue l'un contre l'autre, échangeant ainsi leurs odeurs et leurs salutations, tout comme nous donnons la main ou embrassons une connaissance avant d'entamer une conversation anodine. Ils lèvent leur queue bien droite afin de flairer réciproquement leur région anale, où, en dessous et au-dessus de la queue, sont localisées des glandes. Vous remarquerez que lorsque vous caressez un chat, ce dernier semble se hisser sur le bout des orteils de ses pattes postérieures et il soulève son arrière-train pendant tout le temps que votre main bouge le long de son dos. En réalité, il fait un effort pour activer la glande qui sécrète une odeur, ce qui vous donne en quelque sorte la permission de l'examiner. Quand les chats se nettoient, ils allongent leurs pattes d'en arrière devant eux, et se lèchent en partant de la région extérieure anale et génitale, vers les cuisses et la queue, répandant leur odeur sur une grande zone qui est normalement cachée par la queue quand le chat marche. Les caresses stimulent également les glandes à produire le plus de sécrétions possible, et aussi à les répandre largement à la ronde. Quand un chat fait une rencontre amicale, que ce soit un autre chat ou un humain, il lève sa queue rapidement pour dispenser l'odeur et encourager à prolonger l'exploration.

Les chats répandent des effluves autour de leur domicile ou de leur territoire à l'intention des autres chats: en se frottant légèrement contre des brindilles ou des feuilles, ils sécrètent une tache huileuse contenant leur odeur. Ils peuvent aussi délibérément frotter leur menton plusieurs fois contre le haut d'un poteau en retroussant leur lèvre supérieure – comme s'ils ricanaient – pour en arroser le bout avec les sécrétions des glandes situées autour de leur bouche. Les autres chats portent un grand intérêt à ces poteaux odorants et peuvent aller de l'un à l'autre, y ajoutant souvent leur propre odeur en passant. En inspectant chacun de ces poteaux, ils peuvent dire quand et dans quelle direction les autres chats sont passés et y déposer leur propre message. Non seulement ce procédé permet de laisser un message à l'intention des autres chats, mais il augmente la confiance personnelle de l'arroseur.

Les petits interstices entre les clôtures et les haies dans lesquels ils se glissent habilement quand ils font leur ronde fournissent des indices similaires. Le passage du chat et les motifs de son parcours auront pour preuves tangibles, outre la présence de poils, l'odeur de l'animal et des traces d'huile corporelle.

Sur un territoire, les chats s'organisent souvent sur le mode temps partagé et ainsi, lorsque vient leur tour de circuler, ils apprécient d'y retrouver leur propre odeur. Par analogie, lorsque vous arrivez dans une chambre d'hôtel, pour vous approprier les lieux et vous sentir chez vous, vous vous empressez de déballer le contenu de vos valises. La vieille croyance qui veut que chaque chat ait un territoire exclusif sur lequel les autres chats n'osent pas s'aventurer ne tient plus, particulièrement dans les quartiers urbains où, en fonction de l'espace disponible, pullule une forte population féline. C'est habituellement à l'aube ou au crépuscule que le chat le plus affirmé accédera prioritairement à son territoire. Les autres chats éviteront la zone à ces moments-là mais y reviendront, disons, au milieu du jour, quand le risque d'être chassés par l'animal dominant sera moindre. Ainsi, les ressources leur sont disponibles, mais sur une base de temps partagé.

LE FROTTAGE

Les chats se frottent contre les objets de la maison et du jardin tout aussi bien que contre les gens et les autres animaux, non seulement pour satisfaire leur besoin de toucher mais aussi pour déposer de subtiles marques d'odeur. Les glandes situées autour du menton et des lèvres et à la base de la queue sécrètent une odeur personnelle que le chat utilise pour oindre son territoire et ses amis, créant une odeur spécifique de zone et de groupe.

Grattage et reniflage

Les chats ont des glandes sudorifères sur tout le corps mais celles qui sont similaires aux nôtres sont localisées sur les coussinets de leurs pattes. Quand ils ont chaud ou qu'ils sont effrayés, ces glandes sécrètent une sueur liquide, de là les traces de pas sur le plancher. Les sécrétions gardent les coussinets humides, les empêchent de fendiller et de peler (comme cela se produit sur les coussinets des pattes de chien), de sorte qu'ils demeurent flexibles et gardent leur sensibilité. La sensibilité est particulièrement importante durant la chasse nocturne: pendant qu'il fixe sans défaillir sa proie, le chat doit pouvoir sentir si on marche non loin de lui.

Quand un chat griffe un arbre, une porte ou même un bras de fauteuil, il ne cherche pas seulement à débarrasser ses griffes de leur vieille enveloppe et à libérer de nouvelles pointes aiguisées. En s'étirant ainsi, il ajoute aux objets ou aux végétaux la marque de son odeur. C'est un peu comme s'il hissait des drapeaux pour indiquer sa présence dans la zone. S'il griffe avec une grande vigueur en présence des autres chats, c'est aussi pour exprimer sa confiance en lui-même. Les chats qui ont un côté macho sont les plus susceptibles de s'affirmer en présence de leurs semblables.

ARROSAGE ET GRATTAGE

Quand ils arrosent (ou font gicler leur urine), les chats adoptent une position très caractéristique: leur queue dressée bien droite tremble. Ils foulent le sol de long en large et font gicler une petite quantité d'urine sur une surface verticale derrière eux. L'action de griffer ne sert pas qu'à aiguiser les griffes – les glandes entre les coussinets permettent au chat de marquer de son odeur la zone griffée.

Messages explicites

Se frotter et griffer sont les formes de communication les plus subtiles et les plus particulières qu'utilise le chat pour marquer sa présence. Que ce soit dans le jardin ou à l'extérieur du noyau de leur base domiciliaire, tant les mâles que les femelles disposent d'un système pour signifier de manière encore plus claire qu'ils sont là : ils lancent un jet d'urine. Contrairement à la croyance populaire voulant que seuls les matous non castrés réagissent ainsi, autant les chats castrés que les chats entiers peuvent arroser un territoire.

Quand les chats arrosent, ils adoptent une position très caractéristique : la queue se dresse bien droite, et suit alors un tremblement accompagné d'un mouvement de pétrissage du sol avec leurs pattes d'en arrière. Ils font gicler un mince filet d'urine d'une quantité d'environ un millilitre directement vers l'arrière, habituellement sur une surface verticale proéminente. Alors que l'urine et les excréments peuvent servir de marques, l'impact d'une quantité d'urine giclée à hauteur de nez, surtout s'il s'agit d'un matou non castré qui y a ajouté les éléments chimiques âcres de ses glandes anales, ne passe pas inaperçu. Par beau temps, l'urine de matou sera détectée par un autre chat jusqu'à 10 mètres de distance ! Ce signal peut garder son effet pendant jusqu'à deux semaines, selon les conditions météorologiques, et certainement que pendant plusieurs jours encore, les autres chats seront à même d'interpréter le comportement de l'arroseur. Ces marques chimiques se décomposent à un rythme progressif (si elles n'ont pas été lavées par la pluie), ce qui signifie qu'un chat rôdeur déterminera non seulement depuis quand l'arroseur est passé, mais aussi son âge, son statut sexuel et son identité. De cette façon, quantité de chats peuvent vivre sur des territoires qui se chevauchent et utiliser leurs marques d'urine comme des drapeaux qui flottent au vent pour repérer dans les environs une certaine chatte en chaleur (ou un matou) qui s'active sur le territoire.

Observez votre chat dans le jardin – vous découvrirez bientôt ses endroits de prédilection pour déposer sa marque. Sur le coup, remarquez comment les autres chats reniflent ce message en y ajoutant parfois le leur. En observant bien, vous pourrez déterminer les poteaux recevant l'odeur plus subtile. Les chats y laissent volontiers leur message en se frottant le menton. Si vous vivez dans une zone où prédominent les chats harets et, de surcroît, plusieurs chattes et matous entiers, rien qu'à l'odeur, vous pourrez d'évidence conclure que les comportements de marquage y sont plus manifestes. L'acide urique contenu dans l'urine est également très corrosif: il peut altérer le fer et d'autres métaux ainsi que faire pourrir le bois et endommager les plantes.

Plus particulièrement, les matous laissent à découvert leurs excréments et leur urine sur les plates-bandes et les piquets qui sont l'objet de fréquentes disputes territoriales. Ils les déposent souvent sur les souches ou au milieu d'un passage couvert où ils risquent de croiser un rival. Le *middening*, terme désignant cette stratégie peu subtile de marquage, est adopté dans la nature par un grand nombre d'animaux. Lorsqu'il fait sombre et que les signes habituellement visibles – telles les marques grattées – se repèrent difficilement, l'odeur devient une forme de communication très utile aux chats: peu importe le moment, avec une forte odeur, il n'y a pas d'erreur possible!

Par ailleurs, il faut se rendre compte que nous pouvons rapporter à notre insu des odeurs sur le territoire de notre chat. Lorsque nous

nous promenons dans une zone où circulent beaucoup d'animaux domestiques (n'importe quelle rue d'un quartier populeux, par exemple), nous pouvons imprégner nos souliers d'urine que nous introduisons dans la maison. Chaque fois qu'on gare sa voiture dans des rues éloignées de sa résidence, on accumule des odeurs de diverses provenances. Ainsi, lorsqu'on revient chez soi, le chat réagira comme si un chat étranger venait d'arriver sur son territoire.

On rapporte le cas d'un chat qui, un jour, au plus grand désespoir de ses maîtres, s'était mis à uriner dans la maison. Se questionnant sur l'origine de ce comportement indésirable, ces derniers finirent par trouver le lien. Pour son anniversaire, ils avaient offert à leur fils une nouvelle bicyclette. Par mesure de sécurité, tous les soirs, le garçon poussait son vélo dans le vestibule, introduisant alors quantité de nouvelles odeurs accumulées sur les roues. Du coup, le climat olfactif de la maison a été perturbé. Voulant se recréer un milieu familier et se rassurer devant cet adversaire invisible, le chat se mit à arroser dans la maison. Quand on déplaça la bicyclette dans un autre endroit sûr pour la nuit, le chat redevint calme et le problème disparut : l'arroseur fantôme n'était plus dans les parages.

Un incident similaire s'est produit avec un chat qui vivait en permanence à l'intérieur d'un appartement d'une tour d'habitation. Ses maîtres sont parvenus à réduire grandement le problème en laissant sur le palier leurs souliers, chargés de toutes les odeurs offensantes qui s'y étaient collées. Le chat retrouva le sentiment d'être en sécurité chez lui et son besoin d'uriner disparut. De toute évidence, les chats d'intérieur ont un attachement nettement plus tenace à l'odeur de leur maison et ils peuvent considérer le moindre petit changement comme une grande intrusion. La plupart des chats peuvent composer assez bien avec les nouvelles odeurs, mais ces « incidents » illustrent la grande sensibilité de leur odorat et leur faculté de comprendre le langage des odeurs, de même que l'importance pour nous d'être conscients de leur impact sur eux.

Le langage du corps

Les chats sont bien connus pour leur indépendance et leurs techniques de chasse en solitaire. Contrairement à leurs cousins canins, ils ne collaborent pas entre eux pour chasser, pas plus qu'ils ne se regroupent en vue de se protéger. Ils n'ont donc pas, comme la meute, de règles sociales. Cependant ils se mêlent à d'autres chats, non seulement en vue de s'accoupler et pour élever des chatons, mais pour ce que l'on pourrait appeler une interaction plus « sociable ». Leur langage du corps est complexe (des scientifiques ont noté 25 signes visuels différents utilisés en 16 combinaisons) et nul doute que beaucoup d'autres subtilités des chats nous sont encore étrangères. Si nous pouvons maîtriser l'art de reconnaître et d'interpréter les principales expressions du chat, nous serons sur la bonne voie pour comprendre ce que nos chats ressentent et ce qu'ils veulent nous « dire ».

La plupart des rencontres entre chats étrangers se produisent dans les environnements urbains ou de banlieue à l'intérieur d'un périmètre réduit. Le langage du corps s'exprime, sous sa forme la plus spectaculaire, dans les rencontres entre mâles rivaux, et c'est durant la parade nuptiale qu'il est le plus évident. La plupart des chats domestiques étant maintenant opérés, nous pouvons rarement les observer à l'extérieur. De ce fait, nous devons nous contenter d'interactions plus modérées: celles qu'ils ont entre eux et celles qu'ils ont avec nous ou avec d'autres animaux.

Lorsqu'il joue, le chat dévoile l'un des aspects les plus sympathiques de sa personnalité. Les chatons, et parfois même les adultes, exécuteront à notre intention une pantomime enjouée qui inclut la chasse, la bataille et la parade de séduction – bref, toute la gamme de leurs comportements. La comédie peut se comparer aux danses tribales qui reconstituent les guerres et les parades de séduction dans un but autant pédagogique que social. Dans la plupart des cas, les chats qui partagent le même domicile s'entendent bien et leurs interactions sont calmes et amicales. Quand il y a friction, il s'agira le plus souvent du déploiement intégral du répertoire du chat non castré!

Bien évidemment, la plupart des confrontations félines ne se terminent pas en bataille – même quand il s'agit de matous rivaux. Le but du langage est de faire passer le message, d'éviter la confrontation – ou à tout le moins de ne pas la prolonger – et de prévenir les blessures. Par la démonstration complète de ses capacités, l'agresseur cherche à faire reculer son adversaire sans devoir recourir aux dents et aux griffes. Très souvent, les chats se contenteront d'un duel prolongé du regard (truffé de quelques insultes vocales), qui leur suffit pour déterminer un vainqueur. L'agresseur dominant s'éloignera légèrement du vaincu, puis il s'assoira posément, regardant ailleurs. Il pourra même pousser plus loin et faire sa toilette, et un observateur humain n'y aura vu que du feu.

Au départ, dans ce chapitre, le thème du langage du corps a été divisé en deux parties, la tête (les yeux, les oreilles, la moustache et la bouche) et le corps (la queue, la position, la taille et l'angle). En ce qui a trait au langage des différentes positions du chat, vu que certaines expressions de peur et de colère se ressemblent, les signes reliés à des composantes individuelles peuvent facilement être contradictoires et mal interprétés. Pour obtenir un tableau complet, il faut tenir compte du corps dans son entier, comme en font foi les exemples. Isoler une caractéristique peut nous mener sur une fausse piste parce que les signaux changent souvent très vite selon l'humeur du chat et ce qu'il a en tête.

L'observation des positions de sa tête, de ses oreilles, de ses yeux et de sa moustache peut nous informer beaucoup sur ce que ressent le chat. D'abord, les nombreux muscles de sa face lui permettent d'adopter toute une gamme d'expressions, et la position de sa tête manifeste son intention de communiquer ou de se rendre invisible. Quand le chat tend sa tête vers l'avant, c'est qu'il veut encourager le toucher ou qu'il tente de voir les expressions faciales d'un autre chat ou, encore, celles de son maître. Le meilleur exemple est l'attitude de votre chat quand vous rentrez à la maison : il veut vous accueillir et être nourri ! En situation de conflit, un chat sûr de lui peut lever la tête, alors que celui qui est agressif peut la baisser. Quant au chat inférieur, il lui arrivera de baisser la tête, mais il la lèvera s'il a peur ou s'il se met sur une défensive agressive ! Pour manifester son manque d'intérêt, le chat gardera la tête basse, rentrera le menton ou détournera la tête pour éviter le contact des yeux. De toute évidence, il est très difficile, sinon très déconcertant, d'essayer de deviner l'humeur du chat uniquement par la position de sa tête. Il nous faut, avant d'émettre une hypothèse vraisemblable, tenir compte également de tout son corps pour accumuler suffisamment d'indices révélateurs.

Les yeux

Les yeux s'avèrent le meilleur outil du chat pour communiquer avec les humains. Si cet outil est également présent dans les relations entre les chats, il faut savoir que, tout comme le chimpanzé qui montre les dents n'est pas en train de sourire mais exprime sa peur, le contact prolongé des yeux entre les chats ne relève pas d'une intention amicale. Leur langage des yeux diffère totalement du nôtre. Fixer est indéniablement un comportement d'affirmation de soi chez le chat, et les rivaux essaieront mutuellement de faire baisser les yeux de l'autre pour résoudre le conflit. Quand un chat prend conscience qu'il est observé (ou qu'on le fixe), souvent il s'arrêtera en plein milieu de sa toilette ou, s'il dort, il ouvrira et lèvera les yeux. Et s'il décide alors de continuer par exemple sa toilette, il le fera d'une manière que l'on pourrait qualifier de « gênée » jusqu'à ce que l'observateur détourne à son tour le regard. Parfois, nous sommes aussi dérangés quand nous nous sentons observés, mais de toute évidence, sur ce chapitre, les chats sont plus sensibles que nous.

D'un autre côté, parce qu'ils restent assis tranquilles en ne regardant rien de précis, on présume souvent que les chats sont plongés dans une sorte de rêverie ou qu'ils sont en train de fixer le vide. En réalité, ils captent une grande quantité d'informations par les côtés de leurs yeux, alors que nous portons notre regard directement sur les choses puisque notre vision se fait surtout avec la partie centrale de notre œil. Les chats ont tendance à utiliser leur vision périphérique, à moins qu'ils n'aient besoin de « fixer » leurs yeux sur un objet, une cible mouvante par exemple.

LES YEUX

À gauche: les pupilles dilatées peuvent indiquer la peur ou l'excitation. Les oreilles dressées signifient un intérêt soudain ou accru, mais non la peur.

Au centre: un chat détendu regardant aller les choses. Les pupilles se dilatent ou se contractent selon le degré d'intérêt du chat ou la quantité de lumière disponible.

À droite: vif et prêt à l'action durant le jour, le chat est prudent mais n'a pas peur. Le soir, les pupilles seront plus dilatées.

Les yeux sont de bons indicateurs de l'humeur des chats. Un rétrécissement ou un agrandissement de l'œil peuvent indiquer l'intérêt, la colère ou la peur, tout comme chez les humains. La grandeur de la pupille est déterminée non seulement par la quantité de lumière disponible, mais par les émotions du chat. La dilatation des pupilles peut être causée soit par la peur, soit par une excitation agressive, et se produit aussi dans des circonstances plus anodines: il vous voit remplir son plat de nourriture, il devient excité ou intéressé à la vue d'un chat amical…

Quand le chat est heureux et détendu, ses pupilles sont dilatées ou contractées selon le degré de lumière ambiante – moins il y a de lumière, plus grands et plus noirs paraissent les yeux du chat. Un chat détendu n'aura probablement pas les yeux grands ouverts, mais ses paupières sembleront plutôt lourdes et il clignera lentement en signe de contentement. Le clignement des yeux est un signal rassurant entre les chats et brise la fixation agressive qui les dérange tant.

Les pupilles du chat qui a peur sont souvent dilatées. La détresse grandissant, il affichera un air quasi surnaturel: ses pupilles seront complètement dilatées et ses yeux resteront grands ouverts. Par contre, un chat en colère, qui a besoin de faire connaître son assurance tout en se sentant en confiance dans sa position, montrera des pupilles contractées au point de n'être plus que deux fentes minuscules. Évidemment, on remarquera de multiples degrés de dilatation de la pupille selon le niveau de peur, de colère ou d'excitation ressenti par le chat, et la quantité de lumière disponible. Aussi est-il préférable pour nous d'associer à l'étude des yeux celle des oreilles.

Les oreilles

Les oreilles constituent l'un des outils de communication les plus importants chez le chat. De 20 à 30 muscles contrôlent leurs mouvements et elles peuvent pivoter jusqu'à 180 degrés et bouger indépendamment l'une de l'autre, de tous les côtés et de haut en bas.

Lors des rencontres offensives ou défensives, certains des plus gros membres de la famille des chats se servent des marques pâles qui apparaissent sur le dos de leurs oreilles, par ailleurs foncées, pour imposer leur position. Le message ainsi transmis est non seulement plus visible, mais il laisse peu de place aux erreurs d'interprétation. D'autres chats, ceux-là vraiment plus sauvages, tel le lynx, ont une queue beaucoup plus courte que la moyenne et sont donc privés d'une de leurs méthodes de communication. Pour compenser leur manque de queue, la nature a pourvu leurs oreilles de touffes de poil dont ils se servent à la fois pour en imposer et communiquer. Chez nos chats domestiques, l'abyssin a aussi des petites touffes de poils sur le dessus des oreilles.

LE VISAGE

Ci-dessus : un chat détendu, oreilles et moustache dressées normalement. La dilatation de sa pupille dépend de la lumière.

Ci-dessus : un chat en colère tourne ses oreilles vers l'arrière, alors que ses pupilles se contractent et que ses moustaches se dirigent vers le bas.

Ci-dessus : les pupilles dilatées et les oreilles aplaties montrent un chat apeuré. Sa moustache peut être tirée vers l'arrière.

À gauche : quand le chat joue ou chasse, ses oreilles sont dressées, les pupilles sont dilatées et la moustache tend vers l'avant.

À droite : un chat satisfait a les yeux à demi fermés, la moustache détendue, et somnole dans un coin chaud.

On est à même de constater qu'un chat est heureux et détendu lorsque ses oreilles, légèrement inclinées vers l'arrière, font face à ce qui est devant lui. Si son attention est captée par un bruit ou un mouvement, ses oreilles se dresseront encore plus et sembleront tirées par les muscles du front, un peu comme lorsque nous fronçons les sourcils pour nous concentrer. Si les oreilles commencent à se contracter, avec de petits mouvements nerveux, ou à pivoter, il est fort probable que le chat est anxieux et éprouve de l'insécurité à propos d'un bruit ou d'une situation.

Au fur et à mesure que l'anxiété augmente, le chat bouge légèrement ses oreilles vers l'arrière et, progressivement, les baisse jusqu'à les aplatir. Quand notre chiot approche avec un air suffisant le panier où, près du brûleur à bois, se prélassent Tosca et Flirt, mes deux chattes siamoises, ces dernières inclinent joliment les oreilles. Si le chien entre dans leur champ de vol (la distance nécessaire pour réussir un sauve-qui-peut), leurs oreilles s'aplatissent et chacune prend un air de diablotin découragé qui rappelle ceux, si mignons, des *Gremlins*! À la fin, espérant que le chiot cessera de les voir, et partira de lui-même, elles se tapissent, tête baissée, dans le panier et leurs oreilles sont presque parallèles au sommet de leur tête. Cette réaction représente l'exemple parfait d'une défense soumise – qui consiste à essayer de disparaître en se faisant le plus petit et le moins provocateur possible. Notre chat de gouttière, Figaro, adopte pour sa part une méthode différente pour se soustraire à l'attention du chiot : avant d'être attaqué, il passe à une approche d'attaque plus active. D'abord, il prend soin de se placer dans une position où il peut acculer le chiot au mur. Puis, afin de l'apeurer, il commence à siffler, arquant le dos et hérissant la queue pour s'assurer d'être remarqué et avoir l'air le plus gros possible. Enfin, il entreprend une guerre d'intelligence par une fixation des yeux appropriée à la situation. Ses oreilles tendues pivotent de manière que leur surface intérieure soit dirigée vers les côtés. Le dos de ses oreilles est alors visible d'en avant. Il hérisse encore plus ses poils et il attend que le chiot bondisse devant lui et qu'il soit à sa portée avant de lui donner un coup de patte sur le museau. Jamais l'un ou l'autre n'en sort blessé et tous deux semblent prendre plaisir à cette bataille factice. Évidemment, Figaro finit toujours par gagner.

LA MOUSTACHE

Ci-contre : quand un chat est détendu ou simplement indifférent à ce qui se passe autour de lui, sa moustache se positionne de chaque côté de sa face. Cependant, observez un chat qui miaule et vous verrez toute la gamme de mouvements dont est vraiment capable sa moustache : elle peut carrément s'aplatir contre la face, se déployer en éventail, ou s'arrondir devant le nez et la bouche. Un chat sur la défensive, comme on le voit ici, tend la moustache vers l'arrière, bien collée à la face. Ses oreilles aussi s'abaissent vers l'arrière ; parfois, ses pupilles se dilatent sous l'effet de la peur.

Ci-contre : un chat curieux peut déployer sa moustache vers l'avant, l'utilisant presque comme une troisième main (ou patte) pour sentir ce qui se trouve tout juste devant lui. Les vibrisses de sa moustache sont utilisées pour « voir/sentir » dans le noir quand il s'avance dans les broussailles ou qu'il tente de s'introduire dans de petits interstices.

La moustache

La moustache peut également nous informer sur l'humeur du chat et elle est beaucoup plus mobile qu'elle n'en a l'air. Quand la bête est détendue, elle se déplace légèrement vers les côtés, mais à mesure que l'intérêt du chat grandit, elle revient vers l'avant, devant le museau. Dans l'espoir d'éviter un conflit, le chat effrayé tirera sa moustache droit derrière, le long de ses joues, pour rendre sa face la plus petite et la moins menaçante possible.

Les mouvements musculaires autour de la bouche sont accentués par la moustache. Quand les matous à grosse face sont excités ou effrayés, les muscles de la joue gonflent leurs pommettes (en l'absence des principales hormones mâles, la face des chats castrés ne se développe pas à sa pleine grandeur). Les chats sauvages ont des faces plus remplies et des poils supplémentaires rappelant la crinière du lion.

La bouche

Contrairement au chien, le chat n'utilise pas sa gueule lors d'une confrontation agressive. En revanche, s'il a le sentiment d'être menacé, la bouche grande ouverte, il laissera entendre un *hiss* ou un grognement bien sentis. Quand un chat est assis, la langue sortie ou pendante, on lui trouve de prime abord une allure plutôt comique et il nous semble y voir un signe de contentement ou de relaxation. Pourtant, s'il se lèche les lèvres, c'est souvent par anxiété.

Quand les humains bâillent de fatigue ou d'ennui, ils peuvent déclencher autour d'eux une réaction en chaîne presque impossible à réprimer. Chez les chats, le bâillement n'est pas contagieux, non plus qu'il n'est un signe d'ennui; il signifie plutôt qu'ils se sentent rassurés, qu'ils sont contents. Au réveil, leur bâillement est souvent accompagné d'un étirement alangui qui en dit long sur leur état d'esprit.

La queue

Le chat utilise sa queue autant pour communiquer que pour garder son équilibre. Quand il chasse, il la tient bien droite à l'horizontale, jusqu'à ce qu'il en ait besoin pour son équilibre au moment de l'assaut final. Le petit mouvement sec de sa queue à l'instant où il piège sa proie indique souvent le niveau d'intérêt et de concentration de l'animal. Cependant, quand le chat interagit avec les autres chats ou les humains, la queue prend beaucoup d'importance comme outil de communication. Elle dispose de toute une gamme de mouvements effectués dans tous les sens et à la verticale, avec des vitesses variées allant du simple balayage, lent et gracieux, au coup de fouet ravageur. Quand il dort, sa queue prend la forme d'un rouleau lisse et luisant et l'encercle littéralement; au contraire, quand le chat est effrayé, elle se dresse et se transforme en une brosse de poils hérissés.

Quand un chat détendu, confiant mais vigilant déambule sur son territoire, il laisse nonchalamment sa queue suivre derrière jusqu'à ce qu'il rencontre un autre chat ou qu'il découvre un point d'intérêt, comme un poteau à arroser ou à griffer. En de tels cas, s'il décide de passer à l'action ou de lancer son jet d'urine sur le poteau, aussitôt il adoptera la position typique de la queue droite en l'air, puis il pétrira énergiquement le sol. Par ailleurs, s'il aperçoit un chat amical et familier ou son maître, subitement, il placera sa queue en position verticale et la ramènera, le bout légèrement bouclé, au-dessus de son dos. Il prend cette position pour permettre à un ami

– un chat ou une personne (s'il le veut bien !) – d'explorer la région exposée sous la queue où une odeur bien identifiable confirmera qu'il fait bel et bien partie du groupe. Comme pour renforcer son message, il accompagne souvent sa salutation d'un murmure ou d'un « gazouillement ». Pour saluer leur mère, les chatons vont accourir queue en l'air et se laisser tomber sur sa croupe en se frottant au sommet de sa queue pour solliciter quelque repas qu'elle aurait rapporté. Les chats adultes font de même avec leur maître, se frottant et « essuyant » leur queue le long de ses jambes, de ses mains et même autour des plats pour qu'on les nourrisse ou qu'on s'occupe d'eux.

Avant de passer à l'action, le chat au repos balaie souvent l'air de sa queue comme s'il mijotait une idée et se demandait s'il allait agir. À mesure que son excitation augmente, la queue bouge plus vite et décrit un arc plus large manifestant soit un premier avertissement de colère, soit un encouragement à jouer à l'intention d'un autre chat. La queue qui fouette violemment l'air signale de manière évidente une grande excitation ou annonce explicitement une agression imminente. Chez le chat, la queue qui s'agite envoie un message complètement à l'opposé de celle du chien, amicale et invitante : elle indique que le chat vit un quelconque état de conflit émotionnel.

Si d'aventure le chat se sent sérieusement menacé par un attaquant potentiel, il pourra devenir si défensif que les poils de sa queue se hérisseront et se transformeront en goupillon. Dressée droite en l'air, la queue peut grossir jusqu'à deux fois sa taille. Le chat utilise cette érection-pilote pour paraître le plus gros possible et pour montrer qu'il se défend. En situation de conflit, le chat peut aussi tenir sa queue dans un angle bizarre comme un « L » majuscule inversé – c'est-à-dire que la queue continue la ligne du dos avant de plier et de pointer directement vers le sol. Quand les chatons sont en train de jouer, on peut observer la même position, tout comme celle de la queue en U inversé. Quand les chatons s'amusent à se pourchasser ou quand ils manifestent cette explosion d'énergie où on les voit bondir au-dessus de tout ce qui se trouve sur leur chemin, personnes, chiens ou chaises, leur queue prend souvent cette forme de fer à cheval inversé. Avec leurs poils tout hérissés, ils donnent vraiment l'impression d'avoir le diable à leurs trousses.

LA QUEUE

Ci-contre : position typique pour accueillir un ami. La queue se dresse et le bout est légèrement recourbé vers l'avant.

Ci-dessous, à gauche : quand le chat marche, sa queue est détendue derrière lui, dans un angle légèrement incliné. En plus d'être un outil de communication, la queue sert à garder l'équilibre pour sauter et grimper.

Ci-dessous, à droite : le meilleur temps pour observer une queue en forme de U inversé, c'est lorsque les chats ou les chatons jouent – habituellement pendant la folle demi-heure passée à se chasser l'un et l'autre autour de la maison. Comme les enfants, les chats semblent prendre plaisir à conjuguer la peur avec une grande excitation. Le poil de la queue peut, quant à lui, se transformer en une sorte de goupillon.

Les postures

Que ce soit pour se défendre ou attaquer, beaucoup d'animaux se donnent l'air d'être deux fois plus gros qu'ils ne le sont réellement. Avec ce truquage, ils évitent ainsi souvent le conflit : le rival recule si le bluff est suffisamment convaincant. Les chats ont l'habitude d'utiliser aussi cette tactique, étirant aussi leurs pattes pour avoir l'air plus grands lors de l'attaque. Comme leurs pattes d'en arrière sont plus longues que celles d'en avant, leur corps se trouve penché, le derrière plus haut que la tête. Si l'attaque est réelle et non un jeu, ils ont les poils hérissés le long de la colonne, et la queue comme une crête, ce qui les fait paraître encore plus impressionnants.

À l'opposé, un chat très effrayé qui se trouve dans une situation sans issue ou qui essaie désespérément de dissuader un attaquant dresse ses poils non seulement le long de son dos mais sur tout son corps. Par rapport à son agresseur, il se place de côté et il arque le dos pour paraître le plus menaçant possible, espérant que l'autre y pensera deux fois avant de s'attaquer à un ennemi plus gros que lui. L'attaque étant suspendue, l'agresseur s'éloigne alors par des mouvements de côté, comme un crabe, jusqu'à une zone plus sûre, gardant le vainqueur à l'œil au cas où cette retraite progressive encouragerait une attaque soudaine.

Un chat soumis, quand il est effrayé, s'accroupit et essaye de paraître le plus petit et le moins menaçant possible pour éviter de provoquer une attaque ou d'attirer l'attention. À l'opposé de la grande démonstration défensive, c'est une position souvent prise par un chat moins confiant qui veut simplement qu'on le laisse vivre en paix. Il peut alors se rouler sur le dos, la tête tournée face à son attaquant, affichant une attitude apaisante qui appelle au calme.

POSTURES

Ci-dessus : durant la chasse et la traque, la bout de la queue qui s'agite indique l'intérêt.

Ci-dessus : au moment où le chat devient plus défensif, le poil de son corps se hérisse encore plus et il arque sa queue au-dessus de son dos.

Ci-contre : un chat sur la défensive se tient le dos arqué et présente son côté pour positionner son corps dans l'angle de son agresseur. Les poils du corps et de la queue se hérissent.

À droite, la queue en forme de L inversé se remarque souvent chez le chat agresseur dans un conflit. Son dos est légèrement arqué et sa fourrure hérissée le long de la colonne et sur la queue. Une patte d'en avant est souvent levée. Pendant qu'il court et bondit, le chat utilise sa queue pour équilibrer son corps et favoriser la précision de l'attaque.

À gauche : l'amplitude du mouvement de balayage horizontal de la queue peut indiquer le degré d'agitation du chat. Cela peut aller du petit coup sec du bout de la queue indiquant l'intérêt au large et rapide coup de balai quand le chat est très excité, par exemple quand il aperçoit un rival dans son jardin.

Il ne s'agit pas tout à fait de la posture soumise du chien, ventre en l'air, que l'on connaît bien : dans cette position, l'animal n'aurait aucune chance de se défendre si besoin était. Le chat apaisant va aussi loin qu'il le peut pour tenter d'éviter le conflit, mais il reste prêt à se défendre au maximum avec ses griffes et ses dents s'il est davantage provoqué ou agressé.

En situation de jeu, les chats se roulent sur le dos et parfois ils agissent de même quand ils viennent nous saluer. Si beaucoup d'entre eux ne le font pas dans le but qu'on les chatouille, certains adorent qu'on le fasse. Les chattes en chaleur vont se rouler devant les mâles pour attirer leur attention. Tout comme les oiseaux, en été, les chats adorent prendre un bain de poussière et de sable. Ils se roulent encore et encore dans un sentier chauffé au soleil, en gardant toutefois un œil bien ouvert au cas où un chien ou un chat de passage les surprendrait dans cette position qui les rendrait on ne peut plus vulnérables.

Parle, parle, parle

« Et que dit le chat ? » demandons-nous aux enfants. « Miaou », répondent-ils bien vite. « Et le chien ? » « Wouf Wouf ». Alors que le « wouf » est une représentation assez juste de la plupart des communications verbales du chien pour demander de l'attention, le simple *miou* est bien loin de représenter l'immense quantité de variations d'expressions vocales dont sont capables les chats. S'y limiter serait minimiser considérablement l'étendue des sons qu'ils emploient à notre intention.

Peu de recherches ont tenté d'expliquer la complexité du vocabulaire félin. Ceux qui se sont penchés sur le sujet ont, de différentes façons, classé les sons par catégories, mais il est probablement préférable de les étudier en fonction de notre interaction avec notre animal domestique.

Écouter les différents sons et intonations dont se sert un chat pour communiquer avec nous demande plus qu'un peu de concentration. Nous réagissons habituellement instinctivement quand le chat nous «parle», pas tant pour l'écouter que pour chercher à savoir, au moyen des indices visuels, ce qu'il désire – veut-il une caresse, son dîner ou juste un bavardage rassurant? Le chat astucieux nous facilite les choses en allant directement à son plat vide ou à la porte, ou en posant ses pattes sur le loquet de la fenêtre s'il veut sortir. Si vous êtes vraiment habile à différencier les sons que fait votre chat, enregistrez-le à l'aide d'un appareil portable et faites suivre les miaulements de la traduction correspondante. Le fait d'écouter ensuite l'enregistrement sans recourir aux indices donnés par le langage du corps du chat vous permettra d'identifier les appels, demandes ou requêtes et expressions félines les plus courantes ou celles que votre chat vous réserve en exclusivité.

Les chats ont leur propre répertoire d'expressions vocales et d'actions. Plus encore, ils sont probablement beaucoup plus habitués au nôtre que nous, au leur. Ils adaptent ce qu'ils veulent dire à la façon dont nous leur répondons, presque comme s'ils nous avaient dressés à réagir à certains sons. Si nous répondons d'une manière positive à certains miaulements, ils s'en serviront probablement à nouveau et, en cas de réussite, il est certain que leur répertoire vocal destiné aux personnes, en particulier à un membre de la famille, s'élargira à mesure que le chat et l'individu deviendront plus intimes. Les chats emploieront fréquemment pour parler avec nous des « mots » qu'ils n'utilisent pas avec les autres chats ou même avec les autres membres de la famille.

Les différentes races ont des penchants très variés pour la conversation vocale (les siamois et autres chats orientaux sont réputés bavards de nature). Ils mettent une emphase qui leur est propre sur les sons ou les prononcent différemment (un peu comme nous avons nos régionalismes). Nous pouvons souvent distinguer la voix de nos propres chats de celle des chats de nos voisins ou amis. Ils peuvent aussi produire d'autres sons caractéristiques, identifiables d'une race à l'autre, comme un certain murmure d'encouragement ou des petits claquements, tout comme varie l'aboiement chez les différentes races de chiens. Quand Tosca, l'une de nos jeunes chattes siamoises, a disparu, j'ai quadrillé tout le quartier en l'appelant par son nom jusqu'à ce que, vers six heures du matin, j'entende un cri provenant d'un hangar à un coin de rue de la maison. Il n'y avait pas d'erreur possible, c'était bien sa voix qui me venait de sous une vieille table du réduit. Chaque fois que j'appelais, elle répondait avec une vigueur et un désespoir accrus, ce qui m'a finalement permis de la localiser avec exactitude. Elle dut son sauvetage à sa petite âme bavarde.

Environ 16 différentes expressions vocales ont été identifiées chez les chats, bien que sans aucun doute il y en ait beaucoup plus. Elles sont soit trop subtiles pour que l'on puisse les différencier des autres, soit du domaine des ultrasons. Si ces derniers sons dépassent nos capacités auditives, ils ne sont certainement pas exceptionnels pour l'ouïe du chat qui peut percevoir des sons beaucoup plus aigus encore.

Quand les chatons sont tout petits, leur mère s'adresse à eux au moyen de très peu de sons. Une visite régulière des garderies pour chatons nous aiderait à mieux connaître les principes de leur communication vocale, puisqu'ils en sont au stade élémentaire. La chatte utilise certains sons pour exprimer l'angoisse, le danger ou l'accueil, et ses petits ont chacun leurs appels de détresse qui les déterminent lorsqu'ils veulent attirer son attention. Quand ils ont douze semaines, les chatons ont déjà maîtrisé le répertoire vocal complet et, contrairement aux bébés humains, qui doivent entendre et répéter les sons pour apprendre à parler, même un chaton sourd saura utiliser toutes les expressions vocales de la « conversation » féline.

Les chats réussissent simultanément à émettre des sons, ce qui explique que ces derniers diffèrent des nôtres. La langue du chat joue un rôle moins important dans la formation des diverses émissions sonores, lesquelles se forment plus loin dans la gorge en expulsant l'air, à des vitesses variées, sur les cordes vocales tendues à travers le réceptacle du son. Les variations dans la qualité phonétique des bruits émis se font par un changement de tension dans la gorge et les muscles de la bouche. La plus grande partie de l'expression vocale est utilisée pour une communication à brève portée, excepté évidemment pour les expressions vocales félines les plus bruyantes – appels et miaulements durant la parade nuptiale ou avertissements rageurs des matous rivaux réglant leurs comptes dans les disputes territoriales.

Le ronronnement

Qui dit chat dit ronronnement, et c'est une des raisons pourquoi nous apprécions tant nos compagnons félins – quand ils sont contents, ils nous le font savoir très clairement. Sur le plan émotionnel, le ronronnement est un véritable remontant. Il équivaut à des mots d'amour de nos conjoints ou des membres de notre famille.

Tous les chats ronronnent à la même fréquence – 25 cycles par seconde – peu importe l'âge, le sexe ou la race.

Ils commencent quand ils sont de tout petits chatons. Le ronronnement qui se poursuit au moment de la tétée constitue une démonstration que tout va bien entre la mère et le chaton. Chaque fois qu'elle s'éloigne, la mère y recourt pour annoncer à ses petits qu'elle est de retour et pour les rassurer. En vieillissant, quand ils veulent convaincre les chats adultes de jouer avec eux, les chatons laissent leur petit moteur fonctionner, probablement comme les enfants qui tentent d'entrer dans nos bonnes grâces en suppliant « s'il te plaît, s'il te plaît, joue au football avec moi ».

Les chatons plus dominateurs ronronnent aussi quand ils veulent convaincre un compagnon de lit plus soumis à entrer dans leur jeu – comme s'ils disaient « ne t'en va pas, fais-moi confiance, je suis amical et je ne vais pas te faire de misère, cette fois… promis ! » Les chats adultes, entre eux, ronronnent pour se donner mutuellement de l'attention, de la même manière rassurante. Ils peuvent le faire également pour se réconforter eux-mêmes s'ils ont du mal ou encore pour apaiser un agresseur potentiel se trouvant à proximité. En effet, le ronronnement est associé à une sensation de bien-être, et le chat peut l'utiliser pour se consoler quand il souffre ou quand il est effrayé. On en fait autant lorsqu'on vit une situation critique : on se parle ou on chantonne pour garder le moral et oublier le danger.

Quant à savoir comment, dans la physiologie du chat, s'amorce le ronronnement, on nage toujours en plein mystère et les théories à ce sujet abondent. Les uns disent qu'il est créé par la vibration des fausses cordes vocales situées près des cordes vocales. D'autres soutiennent que la turbulence dans le circuit sanguin crée une vibration dans la poitrine et dans la trachée. Cette vibration résonne dans les cavités sinusales du crâne pour produire un bruit que l'on appelle ronronnement. Une troisième hypothèse évoque une contraction déphasée dans les muscles du larynx et du diaphragme.

Mais, comme le phénomène de la queue agitée du chien, qui a une signification semblable, peu importe comment il se produit, le ronronnement varie en intensité et en enthousiasme. Les chats peuvent garder leur cadence de ronronnement pendant des heures, le son variant de volume entre le ronron brut, accompagné d'un « battement » précis, et l'autre, endormant et presque ennuyé, marqué de battements imperceptibles qui vont en décroissant. La sonorité devient plus aiguë quand le chat recherche avidement de l'attention ou qu'il a découvert quelque chose pouvant lui procurer du plaisir.

Les « mots » de bienvenue

Tout ce qui constitue le rite des salutations chez le chat – la queue en l'air, le pétrissage du sol fait alors qu'il surveille votre expression, le frottage et le ronronnement – est couronné par son « mot » de bienvenue. Il s'agit d'un miaou spécial très court, ou d'une série de sons d'encouragement pour vous dire à quel point il est content de vous voir. Chaque chat a sa propre expression de bienvenue, et il peut la varier selon les membres de la famille. Ainsi, il est possible que parmi ces derniers, certains, qui ne sont pas dans les bonnes grâces du chat, n'aient droit à aucun miaou de bienvenue. Le retour à la maison est une excellente occasion de consacrer du temps et des efforts à parler à votre chat. En vous voyant, il est excité et souhaite une interaction – alors, tirez de lui le meilleur. Si vous ne répondez pas, il risque de devenir progressivement moins enthousiaste dans ses échanges avec vous et d'avoir de moins en moins le goût de communiquer.

Quoi de plus agréable lorsque, en dépit de son indépendance innée, l'animal que vous adorez vient librement à votre rencontre pour vous « parler » ! Faites de ce moment une occasion pour décompresser. Demandez au chat comment s'est passée sa journée, et votre ton chaleureux l'encouragera à vous dévoiler tout ce qu'il a fait.

Le murmure, ou « gazouillement », qui ressemble à un roulement de miaous, est souvent utilisé par la chatte qui appelle ses chatons ou le chat qui veut faire gentiment connaissance avec un autre chat ou une personne. Tosca et Flirt émettent un certain « *rrr* » quand Figaro arrive par la chatière et ils s'élancent pour le saluer. Les chats murmurent d'une manière particulière pour se reconnaître – un bref ronronnement inhalé qui baisse en tonalité – et ont un son spécifiquement destiné à vous séduire et à obtenir quelque chose dont ils ont envie.

Le professeur Paul Leyhausen, qui a étudié à fond le comportement du chat pendant plusieurs années, a remarqué chez la chatte qu'il observait des sons variés, du genre « gargarisme », quand elle rapportait une proie à ses petits. Elle semblait faire un bruit particulier pour signaler qu'elle apportait une souris et un autre, différent, quand il s'agissait d'un rat. Le professeur a cherché à savoir si elle utilisait vraiment des « mots » correspondant à chacune de ses proies, pour que ses chatons sachent ce qu'elle leur apportait. Il faut penser que si le chaton peut approcher une souris sans risque, un rat représente une prise beaucoup plus dangereuse. De fait, les chatons se montraient beaucoup plus prudents quand le son émis par la mère leur annonçait un rat. Leyhausen croit que la capacité du chat de transmettre sa pensée et notre aptitude à l'interpréter ont été sous-estimées et que le sujet mérite des études beaucoup plus poussées.

La signification du « miaou »

Le miaou se prononce la bouche ouverte et on doit fermer cette dernière sur le « ou » pour former ce qui nous semble un mot distinct, mais qui comporte plusieurs nuances et variations. Le chat a recours à diverses sortes de miaous, selon qu'il nous demande de le nourrir, d'ouvrir les portes ou de lui donner de l'attention. Il module sa voix aussi quand il veut nous supplier, se plaindre ou encore formuler une demande.

Si nous séparons le miaou en syllabes, mi-a-ou, on comprend que le chat peut varier la longueur de chacune d'elles ou y mettre de l'emphase pour créer des sons variés ayant des significations différentes. Si le chat n'étire pas son « a », c'est qu'il exprime une déception ou quelque chose de pathétique. S'il prolonge le « ou », la situation est absolument désespérée. On entend souvent cette plainte quand on tient contre son gré le chat à l'extérieur d'une pièce, ou quand le poulet du dimanche est servi et qu'on a omis de lui en offrir. Si vous laissez voir que vous pouvez lui en donner, le son devient plus « joyeux » et léger, avec ici et là des ronronnements pour vous encourager à ne pas changer d'idée – cela s'appelle de la manipulation !

Quand la plainte tourne à la supplication (en toute dignité féline, cela va sans dire), plusieurs chats répètent le « ou » final, en fermant la bouche lentement pour prolonger le message. L'emphase accrue peut transformer la plainte en demande, et c'est bien commode quand le maître est trop lent à venir remplir le plat. Souvent les « miaous » courts et aigus montrent l'ampleur du désespoir de l'animal qui cherche à se faire comprendre. Parfois, on a l'impression qu'il utilise seulement le « a » du milieu – une tactique prisée par mes deux siamoises quand elles veulent désespérément rentrer à la chaleur après s'être aventurées dans l'air glacial du matin. Pour qu'on s'occupe de lui, le chat utilise des bruits très aigus – ceux-là mêmes que sa mère émettait quand elle accourait promptement lorsqu'il était un chaton. De fait, le chat a probablement prononcé son premier miaou quand, petit, il a appelé à l'aide après s'être éloigné du nid. Les chats attirent souvent notre attention, et ils finissent par l'obtenir, par un petit coup de patte accompagné d'un miaou « silencieux » ! On pense qu'à la maison, ils destinent cette sorte de plainte, on ne peut plus persuasive, à ceux qui habituellement ne cèdent pas à leurs demandes, pour leur soutirer de l'attention ou de la nourriture. La plupart du temps, le truc porte fruit parce que le petit coup de patte et le murmure semi-audible ont quelque chose d'irrésistible. Évidemment, le son est à la portée des autres chats, mais il est trop aigu pour que nos oreilles humaines, moins sensibles, le perçoivent vraiment. Figaro utilise le même stratagème avec moi chaque soir quand il veut monter sur mes genoux ; aussi est-ce peut-être davantage une plainte intime utilisée avec quelqu'un qui a un rapport plus étroit avec lui.

Sifflements, crachements et grognements

Siffler, cracher et grogner, voilà des formes d'expression du chat pour avertir ou menacer qu'on constate rarement à la maison où les rapports sont harmonieux.

Pour avertir, le chat pousse un sifflement en ouvrant sa bouche, en tirant sa lèvre supérieure vers l'arrière, de sorte que sa face se ride, et finalement en courbant sa langue pour en chasser l'air extrêmement rapidement. Si vous êtes suffisamment proche de lui, vous pourrez sentir le courant d'air passer. Ainsi, contrairement aux chevaux, les chats n'aiment pas que les humains soufflent sur leur nez ou sur leur visage en faisant des *hiss*. De tels sifflements affectent leur vue, leur ouïe et, quand ils sont suffisamment rapprochés, leur sens du toucher. La méthode est très efficace : un *hiss* bien placé fera comprendre au chat qu'il est en train de faire quelque chose que vous n'approuvez pas. Un bref et rapide *hiss* au moment où le chat bondit sur la surface de travail, saute sur la cuisinière ou égratigne l'ameublement transmet le message dans un style félin plus qu'adéquat sans que vous ayez à crier ou à intervenir physiquement.

À l'approche d'un rival, les chats crachent de manière volontaire, ce qui n'est pas le cas lors d'un choc soudain. Le crachement, habituellement vif et violent, est souvent accompagné d'un frappement des pattes au sol avec un bruit sourd, de la même manière qu'un lapin cogne violemment le sol avec ses pattes d'en arrière. Il s'agit normalement d'un bluff pour déstabiliser l'ennemi. Ce dernier étant contraint de reculer, le cracheur pourra alors se sauver.

En général, le grondement s'avère plus agressif, et le chat, quand il attaque un rival, retrousse parfois sa lèvre supérieure pour amplifier le message. Mes chats le font assez bien quand l'un d'eux chipe un délicieux morceau de poulet et que l'autre s'approche et essaie de s'emparer du butin. Le son grave et guttural du chapardeur convainc habituellement l'autre que son compagnon, d'habitude amical, est vraiment sérieux cette fois, et alors que le fait de posséder représente 90 % de la loi, le grondement reste le 10 % d'argumentation pouvant dissiper tout doute chez les concurrents.

Des appels et des cris

Chez les chats, beaucoup de sons, plus aigus et modulés en longueur, sont destinés aux autres membres de leur espèce. Ces sons atteignent un degré qui nous est inaccessible et produisent sur l'oreille et le cerveau des félins des effets que l'on ne peut imaginer. Certains sons de leur répertoire se font la bouche grande ouverte, comme le feulement du matou ou le gémissement plein de colère destiné à un autre chat sur le territoire.

Lancé parfois par les femelles après l'accouplement, le hurlement de détresse est un autre cri spectaculaire qui se produit par l'accentuation de la dernière syllabe du miaou – le personnage de la bande dessinée *Tom and Jerry* ne s'en prive pas ! Au moment de la saillie, la femelle lâche un cri puissant et déchirant puis, on assiste à une séparation presque effrayante qui excite le mâle. On pense que cette scène est provoquée par le stimulus du pénis du mâle, dont le bout est couvert de pointes, et la sensation de douleur intense – à l'entendre, on n'en doute pas.

Tenter d'attraper le chat pour le mettre dans une cage ou un panier – signe évident pour lui d'une visite chez le vétérinaire ou à la garderie – est souvent ardu et peut provoquer un cri de refus ou de protestation qui va directement au cœur du maître. Malgré l'angoisse, vous devez serrer les dents et adopter l'attitude « c'est pour ton bien » si vous ne voulez pas flancher. Il vaut mieux continuer de lui parler et de le rassurer en lui répétant que tout va bien – cela vous convaincra du même coup. Les choses se corsent davantage quand vient le temps de la vaccination annuelle chez le vétérinaire. Habituellement, le chat adopte l'une des deux attitudes suivantes : ou bien il se tasse dans sa posture accroupie et soumise en poussant quelques miaous de protestation, ou il se transforme en vrai diable jaillissant de l'enfer, attaquant quiconque est à sa portée. Si le chat semble paralysé par sa détresse, vous pouvez le rassurer en l'entourant et en le maintenant avec juste la fermeté nécessaire le temps que le vétérinaire l'examine et lui donne son injection. Parlez-lui constamment avec douceur et vous lui communiquerez un peu de votre calme (peu importe si ce calme n'est qu'apparent). Si, cédant à la panique, votre chat devient agressif, rien ne pourra le rassurer. Il est préférable de laisser le vétérinaire l'empoigner d'une main ferme, ce qui vous semblera pénible pour le chat, mais, de cette manière, l'opération sera rapide et efficace tout en limitant les complications. Une fois qu'il sera revenu en sécurité dans son panier, parlez-lui et, de retour à la maison, gâtez-le un petit peu le temps que passe son indignation.

Bruits de dents

Le bruit, une sorte de marmonnement que le chat fait entre les dents, n'est pas vraiment destiné à la communication. Souvent, le chat l'utilise quand il voit quelque chose qu'il ne peut attraper, comme cette mouche qui vole au plafond, ou un oiseau de l'autre côté de la fenêtre. Marmonner entre les dents est peut-être chez le chat une façon d'exprimer vocalement sa frustration, comme il peut nous arriver de protester les dents serrées. La bouche légèrement ouverte, le chat tire les lèvres vers l'arrière tandis que les mâchoires s'ouvrent et se ferment rapidement. Le bruit se forme à la fois par les lèvres, qui tapent l'une sur l'autre, et par le murmure qui passe entre les dents lorsque l'excitation monte. En même temps que ses dents claquent, il peut aussi émettre une sorte de faible bêlement.

Nous n'en sommes qu'au premier stade de notre compréhension du langage vocal des chats. Plus nous étudions cet animal, plus nous réalisons combien il reste encore à découvrir. Non seulement nous devons procéder par hypothèses pour tenter d'interpréter les sons que nous pouvons entendre, mais encore, nous n'avons qu'une très petite idée de la grande capacité du chat à capter de hautes fréquences, qu'il nous est impossible de percevoir, pour confirmer ses sensations.

Astuces : lui parler et l'écouter

Pour comprendre et échanger dans le langage du chat, il faut tenir compte de ce qui suit :

- Les parfums forts affectent l'odorat du chat comme une lumière brillante diminue notre capacité de distinguer les objets autour de nous.
- L'odeur de nouveaux meubles et de nouvelles moquettes est aussi saisissante pour le chat qu'est leur nouveauté à nos yeux, et peut lui donner le désir de retourner à la « normalité » en les aspergeant de sa propre odeur.

- Alors qu'un regard fixe est perçu comme un acte agressif par le chat, le clignement est perçu comme rassurant.
- Les pupilles dilatées chez le chat manifestent la peur ; en ce cas, éloignez-vous lentement et calmement.
- Nos voix semblent aux chats probablement très basses parce qu'il ne les perçoit que dans la section la plus basse de son registre auditif. Utilisez une voix aiguë pour capter son attention.
- Socialisez avec votre chat par l'échange des odeurs en le gratouillant sous le menton, sur les joues et à la base de la queue, là où elle joint le dos.
- Utilisez un magnétophone pour apprendre le langage des chats.
- Acceptez qu'il vous initie à son langage.
- Les petits mouvements secs des oreilles, la queue qui fouette l'air sont des symptômes d'anxiété et de colère.

Chapitre 3

Vivre avec son chat

Les chats qui partagent notre quotidien peuvent vraiment nous casser les pieds lorsqu'ils s'autorisent à mettre leur nez ou leurs pattes dans tout ce que l'on fait. Ils surgissent de nulle part pour surveiller notre bricolage, ils se couchent sur les vêtements fraîchement repassés ou s'assoient sur la page de journal que nous sommes en train de lire; ou encore, ils effilochent la laine, tirent sur les fils de nos vêtements, se couchent sans la moindre gêne sur nos genoux pendant que nous tentons d'écrire une lettre. Malgré tout, au fil des ans, leur présence ne nous pèse pas – nous apprenons ce qu'ils aiment, ce qu'ils n'aiment pas, leurs habitudes, et ils apprennent les nôtres.

On est en mesure de mieux interpréter le comportement du chat si l'on comprend les motivations à l'origine de ses habitudes quotidiennes. Ainsi, il convient de savoir pourquoi le toucher est important pour lui, comment il faut saluer et s'approcher d'un chat inconnu, quel est le meilleur emplacement pour la litière, et le nombre d'heures de sommeil dont un chat a besoin – ou sa préférence en la matière.

Les rencontres, les salutations et les conversations

De retour à votre domicile, après une longue journée au bureau, vous n'avez pas sitôt tourné la clé dans la serrure que le chat accourt en miaulant, la queue droite en l'air dans cette posture typique de salutation. Il saute en battant l'air de ses pattes d'en avant, se frotte à vos jambes et voilà que votre tension tombe – vous êtes chez vous. Guidé par son horloge interne, le chat vous a probablement attendu en guettant le bruit particulier de votre voiture et de votre pas dans l'entrée.

Babillant et ronronnant, il se faufile entre vos jambes, y frotte sa tête et son flanc pour vous imprégner de son odeur et de celle de la maison. La façon typique pour les chats entre eux de se saluer, quand ils se connaissent et s'aiment bien, est d'aller l'un vers l'autre, la queue en l'air, le bout légèrement recourbé vers l'arrière – prêts à se faire face. Ils se flairent à tour de rôle. Puis, ils se touchent le nez, se frottent la tête, se lèchent les oreilles. Pour finir, ils reniflent le dessous de leur queue. Certains chats penchent légèrement la tête avant de se frotter. Ils peuvent faire de même avec nous, en ajoutant d'autres postures ou ronronnements dédiés normalement aux « leurs », et en étirant longuement le haut du corps, qu'ils redressent comme une invitation à être chatouillés et caressés. Ils peuvent aussi se lancer sur le plancher et s'y rouler allègrement.

Quand nous retrouvons notre chat après le travail, nous conversons avec lui comme si c'était avec un être humain. Ainsi, pour certains, la maison n'est jamais vide – ce petit être doté d'une forte personnalité y veille. Lorsque vient l'heure de son dîner, le chat aime se faire entendre. Il va et vient bruyamment, courant entre nous et l'armoire où se trouve la nourriture, et, impatient, il gratte la porte avec ses pattes d'en avant. Lorsque nous lui parlons, s'il capte les intonations chaleureuses, il ne reconnaît probablement qu'un mot, comme « manger » – ou son nom. Il est plus que probable qu'il soit simplement en train de nous encourager à le nourrir, comme nous, nous essayons de l'encourager à nous répondre.

Un chat apprend vite à reconnaître son nom ; il le fera encore plus rapidement si ce dernier ne comporte qu'une seule syllabe. Notre manière de le prononcer influence sa façon de répondre. Ainsi, Tosca réagit davantage si son nom est prononcé d'une voix haute. Pour obtenir une réponse de sa part, toute la famille a dû emprunter une voix haut perchée. Cette extrême sensibilité aux sons élevés s'explique en rétrospective par les miaulements et les cris aigus que les chatons poussaient pour réclamer leur mère. Les petits rongeurs, principales proies du chat, atteignent par leurs cris le point le plus élevé du registre auditif félin : les chats ont développé leur ouïe au diapason idéal, celui qui leur permet de capter les signaux intéressants et de réagir rapidement. Il est remarquable de constater que les hommes qui essaient d'obtenir une réaction de Tosca sont souvent désappointés parce qu'ils ne peuvent atteindre exactement la bonne note. Les rires que suscite leur déconvenue l'embarrassent-elle ou veut-elle malicieusement les mettre au défi d'attraper la note la plus haute ?

Appeler le chat d'une voix plus aiguë permet de se faire entendre en dépit des bruits environnants, de fréquence plus basse, que le chat ignore. Comme il reste toujours à l'affût d'un clic ou d'un cri, il se peut que nos appels frappent précisément à la bonne hauteur. On peut faire de même avec la note aiguë que l'on obtient en aspirant, les lèvres pincées – comme si on aspirait sans l'aide d'une paille ou comme si on faisait un appel légèrement sifflé, ce qui aussi semble attirer l'attention du chat.

Communiquer avec notre chat de façon qu'il se sente en confiance et en sécurité est relativement facile, mais comment arriver à ce résultat avec un chat tant soit peu nerveux pour qui nous sommes étrangers ? Comme les griffes deviennent des armes lors des rencontres entre chats qui ne sont pas amicaux, avant d'aller plus loin, mieux vaut nous en éloigner et garder nos mains hors de portée. De plus, les chats ont l'habitude de se saluer face à face ; il est donc préférable, pour apprivoiser notre bel inconnu, de se placer à la hauteur du chat et de l'approcher à sa manière. Regardez-le, mais ne le fixez pas – il se sentirait menacé, car il recourt volontiers à cette tactique pour tester la force et la détermination de ses rivaux. Fermez à demi les yeux et faites cligner vos paupières : cela le rassurera. Si vous voyez que ses oreilles se contractent avec des petits mouvements secs et nerveux, sachez que c'est un signe d'anxiété. Pour vaincre sa peur, allez-y doucement et détendez-vous. Laissez-le s'avancer, puis vous sentir, et avancez tranquillement votre main à la hauteur de son épaule et non en l'abaissant brusquement. Le chat avancera probablement un peu sa tête une fois qu'il aura reconnu vos intentions amicales.

Alors, frottez-lui doucement la tête et le menton pour encourager la communication. Vous pouvez même – pourquoi pas ? – ronronner un peu vous aussi. Les chats confiants qui aiment les gens prennent vite goût aux petits soins et aux bonnes choses qu'on leur offre ; ils se laissent gagner facilement. D'autres sont plus méfiants et demandent plus de temps et de patience. Enfin, certains, de tempérament plus sauvage, ne se détendront jamais vraiment qu'au contact de leur maître. Plusieurs des facteurs qui déterminent pourquoi et comment réagissent les chats sont décrits au chapitre 5.

Dans une pièce où se trouvent plusieurs personnes, pourquoi au juste les chats vont-ils immanquablement aller s'asseoir sur les genoux de celle qui n'aime pas les chats ? Le mystère plane à ce sujet. Par contre, selon certains spécialistes de la gent féline, cela viendrait du fait que ces personnes, que la présence des chats rend nerveuses, ne les fixent pas. Elles se tiennent coites, clignent des yeux et regardent ailleurs, espérant ne pas attirer leur attention. Le chat peut interpréter cette attitude comme un signal bienveillant. À l'inverse, le chat peut être rebuté par quelqu'un qui aime pourtant les chats, mais qui l'appelle et l'approche avec trop d'empressement, puis l'invite, en insistant, à monter sur ses genoux tout en le fixant pour obtenir son attention. Par ailleurs, dans le premier cas, il est possible que la personne mal à l'aise émette involontairement certaines vibrations ou odeurs qui s'avèrent attirantes pour le chat.

Certes, les chats ont des amoureux inconditionnels qui réussissent à amadouer les plus nerveux qui iront vers eux, confiants et bien disposés, au plus grand plaisir de leur maître. Souvent, ces personnes n'affichent pas ouvertement leur attitude amicale. Plus encore, elles n'ont pas nécessairement des chats ; pourtant, sitôt qu'elles s'assoient, les chats vont en toute confiance dans leur direction. Cela ne constitue pas une garantie sur la gentillesse des intéressés, mais pourquoi ne pas observer les réactions de notre chat et voir si le minou est un bon juge ? En ce qui me concerne, je suis toujours un peu méfiante envers les personnes que mon chien Bullmastiff, habituellement très amical, semble prendre en grippe ; par contre, je me sens bien disposée envers celles que mes chats choisissent pour se faire cajoler et dire des mots doux. Serait-ce qu'une personne en harmonie avec les chats l'est nécessairement avec les humains ?

Le sommeil et les siestes

Les chats sont les plus grands dormeurs au monde, consacrant 60 % de leur vie à cette activité. En fait, ils dorment deux fois plus de temps que les autres mammifères. Au cours d'une journée normale, ils passent quinze heures à dormir et à somnoler, et presque six heures à se laver et à jouer. Le reste de la journée, ils chassent, mangent et explorent leur univers. Quant à eux, les lions vont dormir longuement après avoir englouti une carcasse parce que celle-ci les nourrit pour plusieurs jours. Alors que les herbivores doivent mâcher de l'herbe durant toute la journée pour satisfaire leurs exigences énergiques, un repas de viande offre beaucoup de calories et de nutriments. L'animal carnivore doit dépenser plus d'énergie pour aller chercher sa nourriture, mais il peut aussi se reposer et digérer entre ses repas. Le chat domestique bien nourri jouit ainsi de plus de temps libre, qu'il consacre à dormir. Cet investissement dans le repos explique peut-être en bonne partie sa longévité quand on le compare aux autres mammifères plus gros, comme le chien. Évidemment, en cas de faim ou de froid, et en période de séduction et d'accouplement, le chat est plus actif. Les chatons nouveau-nés dorment 90 % du temps, mais atteignent le niveau adulte à l'âge de quatre semaines. Les vieux chats, comme les personnes âgées, dorment et font la sieste plus souvent. Comme nous, les chats dormiront davantage s'ils sont bien au chaud, s'ils se sentent en sécurité et s'ils sont bien nourris. Ils ajustent souvent leurs horaires avec ceux de leurs maîtres, choisissant de dormir quand ils sont seuls durant la journée et d'être plus actifs le matin et en soirée alors que leurs maîtres sont présents. Lors des week-ends, se sentant en sécurité puisque nous sommes là pour leur prodiguer confort et amitié, ils reprennent leur routine et alternent leurs périodes régulières de siestes brèves, où ils dorment d'un sommeil léger, avec des périodes de sommeil plus profond.

Les chats étant des maîtres dormeurs, ils ont souvent été utilisés pour de nombreuses études scientifiques sur le sommeil. Leur cerveau indique une activité électrique similaire à celle des humains pendant le sommeil. Durant les quinze à vingt premières minutes, les chats restent assez tendus au niveau du cou et de la tête, et s'éveillent instantanément au moindre clic, couinement ou bruit insolite. Puis ils se détendent et roulent sur le côté durant six ou sept minutes : leur moustache, leur queue et leurs pattes sont traversées de petits mouvements secs ; peut-être rêvent-ils alors. Les chats expérimentent ce que l'on appelle le REM (mouvement rapide de l'œil), caractéristique du sommeil profond chez les humains. Ils peuvent revenir à un sommeil léger pour une courte période avant de « rêver » à nouveau. Ce sommeil profond représente à peu près 15 % de leur vie, alors que le sommeil léger compte pour 45 %. Les chatons n'ont pas de sommeil léger dans le premier mois de leur existence parce que le centre de leur cerveau qui contrôle ce sommeil plus léger ne se développe pas complètement avant l'âge de cinq semaines environ.

Pour leurs « siestes », les chats s'installent n'importe où et ferment leurs yeux en demeurant relativement alertes. Pour atteindre un sommeil plus profond et « décrocher » complètement, ils doivent trouver un endroit où ils se sentiront détendus et en sécurité. (Bel exemple de relaxation, vous avez sûrement eu l'occasion de voir un chat commencer sa sieste sur le dessus d'un sofa et en tomber mollement, juste au moment où il allait s'endormir pour de bon.) Parce que la température du corps baisse au cours du sommeil, les chats ont tendance à choisir un coin chaud au soleil ou dans le placard du chauffe-eau pour obtenir la chaleur et la sécurité nécessaires.

Un chat qui fait la sieste demeure très conscient de votre présence et il sent votre approche parce que ses oreilles restent sur le mode radar et captent les moindres bruits. Quand il est réveillé brusquement, un chat profondément endormi peut éprouver un véritable choc. Par conséquent, si vous devez le faire, songez à la manière que vous apprécieriez en de telles circonstances. Dites-lui des mots doux et gentils, touchez-le avec délicatesse et faites-lui sentir que tout va bien. Il ne reste plus qu'à espérer qu'il émerge du sommeil de meilleure humeur que vous-même au sortir du lit !

En publicité, les chats symbolisent souvent la chaleur, la sécurité et le bien-être au sein d'une famille aimante. On les représente enroulés sur eux-mêmes et confortablement roulés en boule devant une belle flambée de cheminée. Un expert animalier allemand a étudié plus de 400 chats dans leur sommeil. Il a conclu qu'il pouvait déterminer la température de la pièce à partir de la position des chats pendant qu'ils dorment. À une température inférieure à 19 °C, les chats s'enroulaient sur eux-mêmes, la tête tout contre leur corps, mais à mesure que la température montait, leur corps se détendait. Au-dessus de 21 °C, les chats étaient complètement « déroulés », leurs pattes d'en avant bien allongées devant eux. Pour finir, s'ils ont à la fois chaleur et sécurité, on pourra les voir les quatre pattes en l'air, ou étirés de tout leur long sur le côté. Chaque chat affiche des modes de comportement particuliers que son maître arrive à interpréter.

Quand vous déterminez l'emplacement de son lit, gardez à l'esprit ses besoins de sécurité et de chaleur, car s'il n'est pas satisfait, il fera son propre choix. Tout ce qui est en hauteur le rassure, spécialement s'il y a autour des jeunes enfants curieux ou des chiots. Le chat grimpe et s'installe là où il pourra, en toute sécurité, avoir l'œil sur le monde environnant et parer d'un coup de patte tout danger pouvant surgir d'en bas. Les chats ont besoin d'un refuge sûr pour somnoler en toute quiétude. Par conséquent, plusieurs choisiront la tablette surélevée d'une penderie ou une pièce peu occupée, comme celle du chauffe-eau par exemple. N'oubliez pas que, si confortable et douillet que soit le panier mis à sa disposition, votre chat choisira à sa convenance les endroits pour dormir et se reposer. Aussi, ce n'est pas la peine de vous lancer dans des dépenses extravagantes pour lui fournir un lit. Une boîte de carton garnie d'un vieux coussin ou une couverture dans un coin du fauteuil feront son bonheur.

À son réveil, le chat prend habituellement quelques moments pour s'étirer et ramener la circulation dans chacune des parties de son corps. Avec une souplesse qui rendrait vert de jalousie même un expert yogi, il étire ses articulations et ses muscles, des oreilles aux orteils, souvent en labourant de ses pattes griffées le tapis, qui sert alors de point d'ancrage pour accentuer l'étirement. Il arque le corps et lève son arrière-train pour étirer ses jambes postérieures et sa queue. Quelques bâillements, une brève toilette du visage et le voilà prêt à l'action.

Le plaisir du toucher

Pour beaucoup de chats, le toucher représente une sensation très agréable et le plaisir qu'ils éprouvent à être toilettés par un autre chat ou caressés par nous est évident. Ils se frottent avec enthousiasme, et, débordants de plaisir, ronronnent bruyamment en cadence. On pense que le toucher contribue à libérer dans le cerveau des substances chimiques appelées endorphines, lesquelles procurent une sensation de plaisir et de bien-être pouvant même contribuer à vaincre la douleur. On croit que les chats possèdent un système d'endorphines très actif: plusieurs vétérinaires témoignent que les chats qui arrivent à leur clinique avec des blessures graves semblent n'éprouver aucune douleur. Les endorphines expliqueraient pourquoi plusieurs d'entre eux, à la suite d'un accident de la route, parviennent à se traîner dans un endroit calme: l'effet antidouleur leur permet d'aller vers la sécurité sans empirer leur mal. Si en plus ils reçoivent des caresses, qui ont pour effet de libérer de fortes substances chimiques psycho-actives, pas de doute qu'ils ronronneront à cœur joie.

Le toucher est la marque d'affection la plus essentielle. On sait de nos jours qu'en l'absence de touchers rassurants et affectueux, un enfant ne peut se développer, et qu'il peut même mourir. Il en va exactement de même pour le chaton ; en effet, la survie, rien de moins, du chaton nouveau-né dépend du toucher de sa mère. Sans les coups de langue de cette dernière sur son ventre et sous sa queue, un chaton ne peut activer sa vessie ou ses intestins. La mère lèche et nettoie ses chatons régulièrement, mangeant les déchets pour s'assurer que la zone autour du nid ne soit pas mouillée, froide et propice aux infections, autant d'éléments qui pourraient réduire les chances de survie de sa portée.

Le toilettage et le toucher sont essentiels au sentiment de sécurité du chaton nouveau-né parce qu'il ne peut ni voir ni entendre suffisamment ce qui se passe autour de lui. Enveloppé dans le giron de sa mère, il dépend du toucher et de l'odorat pour survivre. Un chat privé du toucher peut se replier sur lui-même, devenir craintif et même commencer à se toiletter de plus en plus pour compenser le manque de contact avec les autres. Les chatons réagissent à cette sécurité et à ce confort en ronronnant, un comportement qui se prolonge jusqu'à l'âge adulte, de même que bien d'autres, dans leurs relations avec nous.

Les chats perpétuent un autre comportement juvénile quand ils s'assoient sur nos genoux. Et alors, pendant qu'on les caresse, ils ronronnent habituellement avec beaucoup d'enthousiasme, de manière presque rythmée. Avec leurs pattes, ils entreprennent sur nos cuisses un mouvement de pétrissage et ils sortent leurs griffes dans une cadence tout aussi régulière. Ce comportement les ramène à la période de l'allaitement lorsque, agenouillés sur le ventre de leur mère, le mouvement de leurs pattes autour des tétines stimulait l'écoulement du lait. Une fois plus âgés, les chats peuvent reprendre ces anciennes habitudes. Nous devrions être honorés qu'ils se sentent suffisamment en sécurité pour redevenir de petits chatons détendus et sans défense sur nos genoux.

Le toilettage

Vers l'âge de trois semaines, souvent avant de pouvoir marcher, les chatons apprennent à se toiletter eux-mêmes à l'aide de leur langue, râpeuse comme un peigne. C'est un comportement instinctif pour lequel ils font montre de beaucoup de compétence dès l'âge de six semaines. Leur toilettage a plusieurs fonctions. D'abord, il supprime de leur robe les poils perdus, stimule la croissance de nouveaux poils et prévient la formation des touffes, dues à leur enchevêtrement. Enfin, il sert à répandre sur leur peau les sécrétions de leurs glandes afin que leur fourrure demeure résistante à l'eau et que leur corps soit ainsi protégé. Le toilettage est enfin un moyen de conserver le corps à la bonne température puisque la salive fait évaporer l'humidité de la robe et libère le surplus de chaleur. Ce qui explique pourquoi les chats se toilettent davantage quand il fait chaud ou après une activité vigoureuse et pourquoi ils perdent plus de liquide en se lavant qu'en urinant.

La plupart des chats ont leur propre routine de toilettage. Quelques-uns passent plus du tiers de leur temps éveillé à se nettoyer des pieds à la tête, d'autres s'en préoccupent à peine. Dans la majorité des cas, ils se toilettent de façon symétrique et systématique. D'abord ils utilisent leurs pattes d'en avant pour se laver la face et l'arrière de leurs oreilles et, après les avoir couvertes de leur salive, ils les passent plusieurs fois sur la zone « souillée », dans un mouvement circulaire d'arrière en avant. Un scientifique a émis l'hypothèse que les chats sécrètent un fluide nettoyant spécial, une sorte de détergent qui nettoie la fourrure. Assurément, ils « sentent le propre » et ne semblent pas dégager cette odeur humide et froide associée aux chiens, moins pointilleux à cet égard.

Par des contorsions que la souplesse de leur corps rend possibles, les chats peuvent accéder à presque toutes les parties de leur anatomie en se tordant et en se penchant, mais le meilleur moyen pour rejoindre les endroits inaccessibles, autour des oreilles, à l'arrière du cou et au-dessous du menton, reste encore, et de loin, l'assistance d'une main amie. Les chats qui vivent ensemble et s'entendent bien se toilettent mutuellement. Ce geste est tributaire de leur lien social, et chacun va fréquemment vers l'autre pour un lavage complet, rendant ensuite le service rendu. C'est un moyen de créer une odeur de groupe, laquelle inclut également les humains et les autres animaux de la maison, comme les chiens qui se font aussi frotter et laver. Une fois que nous les avons touchés et caressés, nos chats se lavent et « goûtent » notre odeur personnelle puis l'incorporent à l'odeur commune décrite précédemment.

La plupart des chats à poil court sont exceptionnellement habiles à se toiletter eux-mêmes et ont rarement besoin d'aide pour garder leur pelage en bonne condition. Pour autant, cela ne signifie pas que nous devrions nous abstenir d'y participer. À l'instar des chats eux-mêmes, profitons plutôt des occasions du toilettage pour les toucher et pour entretenir des liens privilégiés. En ce qui concerne la brosse et le gant de toilettage, il faut initier le jeune chaton le plus tôt possible après le sevrage ou dès son adoption si on veut ainsi prendre la relève de la mère.

Il est essentiel de vous assurer que vos tentatives de brossage sont acceptées et appréciées. S'ils devaient vivre dans la nature, certains chats à poil long, les persans modernes, par exemple, ne survivraient probablement pas, incapables qu'ils sont de garder leur robe imperméabilisée et efficacement protégée contre l'humidité et le froid. Également, quantité de chats à poil long sont dotés à la naissance d'un nez très aplati (par exemple le *Persan Peke-faced*) et éprouvent de ce fait beaucoup de difficulté à respirer tout en se lavant et, qui plus est, à chasser efficacement. Heureusement, plusieurs sont issus de croisements qui leur ont donné un caractère docile : ils tolèrent plus aisément le brossage. Si vous entreprenez votre chat quand il est jeune, il aura tendance à vous laisser faire. En revanche, on ne peut affirmer avec certitude qu'il ne deviendra jamais réfractaire au brossage. C'est une autre histoire ! Le pire que vous puissiez faire, ce serait de tarder le traitement des enchevêtrements de poils : le brossage risque alors de se transformer en bataille et vous serez contraint

LE TOILETTAGE

Plus du tiers du temps éveillé peut être employé au toilettage. En se grattant, le chat peut déloger les parasites derrière ses oreilles et sous son menton, des endroits que même le chat le plus souple au monde ne pourrait rejoindre avec sa langue.

La plupart des chats sont très méticuleux. Ils se tordent et se contorsionnent pour lécher efficacement presque toutes les parties de leur corps, mais doivent utiliser leurs pattes d'en avant pour se laver la tête et l'arrière des oreilles.

Couvrant de salive chacune de leurs pattes d'en avant, ils se lavent la figure et l'arrière des oreilles dans un mouvement circulaire de l'arrière vers l'avant, répétant le manège à plusieurs reprises jusqu'à ce qu'ils soient satisfaits du résultat.

d'empoigner le chat et de l'attaquer en quelque sorte avec la brosse, le peigne et les ciseaux. Si les poils longs n'ont jamais bénéficié des bienfaits du brossage, vous aurez peut-être à envisager une visite chez le vétérinaire, avec un scénario plus sérieux : une anesthésie générale et un rasage complet, jusqu'à la peau, des côtés et du dos. La règle d'or en la matière est de prendre l'habitude du brossage dès les premières semaines ; de cette manière, la plupart finissent par s'y résigner, à défaut de l'apprécier. Si vous possédez un chat à poil long, brossez-le au moins une fois par jour, qu'il semble ou non en avoir besoin.

Évidemment, chaque chat ayant des préférences marquées, certains apprécient volontiers qu'on les brosse. La plupart aiment bien être caressés et chatouillés autour de la tête ; certains s'en délectent, littéralement. Presque à l'unisson, en revanche, ils détestent être brossés en sens contraire, étant donné que leurs poils poussent depuis des follicules plantés dans un angle expressément conçu pour qu'ils restent à plat sur la peau, qu'ils protègent ainsi de la chaleur. Il en résulte alors un inconfort qui les fait réagir. Si les poils ne sont pas à plat, des cellules nerveuses cutanées en « informent » le chat, d'où son aversion à être brossé à contresens. De toute évidence, certains chats aiment qu'on leur ébouriffe le poil, qu'on les chatouille partout, et ils se roulent même sur le dos pour exposer leur ventre, une zone qu'autrement ils protègent bien. La plupart acceptent un petit chatouillement avant d'attraper votre main avec leurs griffes et leurs dents. Un instant, ils paraissent totalement détendus et en train de s'amuser, puis l'instant d'après, ils sortent de leur « transe » pour attaquer plutôt férocement la main. Les Américains ont appelé cela le syndrome « *petting-and-biting* » ou, si l'on veut, « une caresse-un coup de dent ». Il s'agit en fait d'un réflexe primaire de défense :

le chat d'abord se détend puis, d'un coup, il se découvre un peu trop vulnérable ; il réagit alors avec une démonstration d'agression défensive qui le surprend souvent lui-même.

Le brossage s'avère bien plus qu'une question d'hygiène ou de socialisation. Vous avez sans doute remarqué qu'après une bataille ou un incident qui le bouleverse, votre chat entreprend un lavage bref et rapide. Quand ils doivent faire face à un dilemme, tous les chats en font autant – par exemple s'ils veulent sortir mais qu'ils sont incapables d'ouvrir la chatière. Le conflit qui prend place dans leur esprit se règle au moyen de ce que l'on a appelé le « transfert », procédé comparable à notre réflexe de nous gratter la tête ou de triturer une mèche de cheveu dans des moments cruciaux. On peut observer un toilettage excessif quand le chat subit une sorte de stress constant – comme une mésentente avec un autre chat dans la maison, une frustration ou une sorte d'ennui prolongé. Pour se détendre, le chat alors se lave et se lave encore et il peut en venir à mettre son pelage en pièces, arrachant le poil et laissant des zones complètement lisses et nues. Ces plaques apparaissent surtout au milieu du dos et au-dessus des pattes. Certains chats se lèchent même jusqu'à la peau, ce qui provoque l'apparition de plaques rouges douloureuses. Ces réactions bizarres seront abordées plus en détail au chapitre 7.

La chasse

La chasse est essentiellement la réaction spontanée face à une cible mouvante. Elle répond à un besoin inné, et fortement motivé, qui se raffine en fonction des aptitudes acquises. Ces aptitudes s'amorcent dès les premières expériences de vie. Ainsi, quand la mère apporte des proies encore vivantes à ses chatons, ces derniers commencent à jouer et, de leurs essais et erreurs, ils retiendront les meilleures méthodes pour manipuler et tuer une proie. Expérimenter et réagir avec sa mère, ses compagnons de litière et son environnement renforce et coordonne les qualités de chasseur du chat.

Pour chasser une proie potentielle, le chat explorera champs, jardins ou haies, les sens en alerte, s'arrêtant fréquemment pour examiner plus en détail les environs immédiats. Les biologistes appellent ce procédé le *M-hunting*, ou la stratégie mobile. La chasse s'effectuera encore dans une zone familière, comme le parcours utilisé par une souris dans une haie ou un endroit précis juste en dessous d'un nid d'oiseaux – et le chat attend patiemment que quelque chose détale à toute vitesse devant lui ou qu'un oiselet tente son premier envol. C'est le *S-hunting*, la stratégie du « s'asseoir et attendre ». Dans ce dernier cas, le chat par exemple s'approchera très prudemment de la cachette de la souris afin de ne pas annoncer son arrivée, puis restera assis sans bouger dans l'attente du premier signe d'activité. À bien y penser, nos chats agissent de façon similaire quand ils s'assoient près de leur plat et qu'ils attendent qu'on y dépose leur nourriture.

Beaucoup de maîtres éprouvent une certaine répulsion quand ils voient leur chat s'amuser longuement à torturer leur proie plutôt que de l'achever rapidement. Quand ce jeu se prolonge, on peut présumer que le chat ne sait pas comment le faire. Sa mère ne lui aura pas apporté de souris à demi mortes pour lui permettre de se familiariser avec toutes les étapes de la chasse, d'où cette façon d'attaquer puis de secouer sa victime comme il le faisait avec ses jouets, ses compagnons de litière et la queue de sa mère. Le chat peut également s'amuser avec la proie agonisante, assuré qu'il est de pouvoir la tuer et la manger plus tard, à sa convenance : le chat bien nourri, jamais affamé, a peu de motifs pour tuer promptement sa victime. La question se pose : « Pourquoi, en fin de compte, les chats éprouvent-ils le besoin de tuer ? » La réponse est que le chat ne tue pas forcément « quelque chose » dans le but de le manger. Il peut le faire pour s'exercer, ou pour s'amuser comme il le fait avec un jouet, intrigué par le fait que ça demeure en vie, que ça bouge et que ça crie. Peut-être qu'à l'instar des humains amateurs de chasse ou comme on le remarque chez beaucoup de chiens, les chats connaissent cette forte excitation à patienter puis à affronter la victime, une sensation qui chute aussitôt que la proie est morte ? À ce moment-là, la seule façon pour le chat de maintenir son intérêt est de redonner un peu de « vie » à la victime en la lançant plus loin. La plupart des chats se désintéressent rapidement d'une proie morte. Ou bien ils la mangent ou bien ils l'abandonnent et partent à la recherche d'une nouvelle proie vivante. Pour le chat, chasser et tuer sont des activités sans rapport avec la faim.

Certains maîtres veulent donner une chance aux oiseaux et aux souris et font en sorte de les avertir au moyen d'une clochette attachée au collier du chat, mais celui-ci, plus fin, parvient souvent à bouger sans la faire tinter. Le chat peut utiliser la stratégie du « s'asseoir-attendre-et-bondir » décrite précédemment : ainsi la clochette sonnera, mais il sera trop tard de toute façon. Un dessin animé de Garfield résume la stratégie « empêche-le de chasser grâce à une cloche » en décrivant l'infortuné chat attaché à une cloche de la grosseur de *Big Ben*.

Il est possible de dissuader les chats d'apporter leurs proies dans la maison grâce aux techniques d'aversion appelées « cas de force majeure » dont on parlera plus loin. Cependant, celles-ci n'empêcheront pas le chat de chasser ; il ira simplement porter ses prises ailleurs.

La nourriture

Laissés à eux-mêmes, la plupart des chats vont survivre en combinant trois méthodes : chasser, écumer les poubelles ou bénéficier de la générosité des gens. Selon leur degré d'intimité avec les humains qu'ils croisent, ils prendront simplement ce qui est à leur portée tout en gardant une prudente distance, ou ils s'ingénieront à conquérir des cœurs pour entrer dans une nouvelle famille dont ils profiteront des largesses.

Nous pouvons utiliser la nourriture pour créer des liens avec nos chats, assumant ainsi le rôle de mère pourvoyeuse. La plupart des chats n'ont aucun effort à faire pour obtenir leur repas ; il leur suffit d'attirer l'attention de leur maître quand ils ont envie d'un petit quelque chose. Alors, si la nourriture ne manque pas à la maison, pourquoi donc chassent-ils ?

La sensation de faim et l'envie de chasser sont contrôlées par deux parties distinctes du cerveau du chat ; par conséquent, même si un estomac plein élimine l'urgence de sortir pour trouver un repas et qu'un petit somme bien au chaud semble une meilleure option, le désir de chasser persiste. Si le fait d'être rassasié pouvait éradiquer l'instinct de chasseur, le chat jouerait beaucoup moins, ce qui nous priverait d'un comportement qui nous plaît tant chez lui. Chasser des bouts de ficelle ou des balles de ping-pong, sauter pour attraper des objets suspendus sont autant d'actions motivées par l'attraction du mouvement et l'instinct de chasseur. La majorité d'entre nous seraient bien tristes de perdre le plaisir de voir s'ébattre leurs chats. Mais certains, dont les bêtes appartiennent à la catégorie des bons chasseurs, feraient volontiers ce sacrifice pour éliminer les présentations matinales d'oiseaux, de souris, de campagnols et d'une foule d'autres victimes apportées par leur minou.

Devant une balle de laine, les chats d'un âge respectable redeviennent des chatons. Les séances de jeu, si amusantes chez les chatons, sont en réalité un entraînement à la vraie chasse et elles leur enseignent l'équilibre, la vitesse et l'agilité, peu importe qu'ils n'aient jamais besoin de chasser pour se nourrir.

Parfois, les chats ne mangent même pas le produit de leur chasse, ce que l'on considère comme un gaspillage, mais ce comportement est également celui d'autres animaux carnivores. Les musaraignes et les taupes sont généralement dédaignées par les chats – de toute évidence, leur goût ne leur plaît pas. Certains dédaignent la vésicule biliaire, d'autres le petit intestin ou encore des proies plus agréables au goût, comme les souris ou les oiseaux, tandis que plusieurs avalent tout, plumes et fourrure compris. Figaro, notre matou noir et blanc, a la charmante manie d'apporter sa prise à l'intérieur de la maison. Il la dépose sur le dessus de la nourriture sèche qui est toujours dans son plat et il la déguste ainsi, abandonnant le peu qui reste de la vésicule biliaire sur le dessus de son bol. On ignore encore pourquoi les chats aiment rapporter leurs proies dans la maison. Veulent-ils les consommer en sécurité, loin des chapardeurs rivaux, dans un endroit familier, comme la salle de séjour, où ils peuvent en jouir en toute détente, ou veulent-ils les présenter aux autres chats ou à nous-mêmes comme le ferait la chatte pour ses petits ? Certains semblent vouloir l'offrir en cadeau à leur maître qui n'en sera pas vraiment ravi, surtout si la souris, légèrement blessée, réussit à s'échapper et à élire domicile dans la maison. Dans le seul village de Felmersham, en Angleterre, une étude a démontré que 70 chats ont rapporté à la maison 1 000 proies en une seule année. Certains chats rapportaient des prises régulièrement et en grandes quantités alors que d'autres ne le faisaient pour ainsi dire jamais.

Donc, qu'est-ce que nos chats aiment manger? À quelle fréquence, et de quelle manière pouvons-nous utiliser la nourriture pour solidifier notre lien d'amitié avec eux? Le choix de la nourriture est souvent basé sur des critères humains et nous sommes bombardés de publicités à propos des préparations spéciales à base de viande et des nouvelles saveurs. Ces dernières sont habituellement dictées par ce que nous, les humains, estimons appétissant. Évidemment, des souris, des moineaux et des rats en conserve ne seraient pas du tout acceptables de notre point de vue alors qu'ils constitueraient le repas idéal pour les chats.

Alors, les chats peuvent-ils vraiment faire la différence entre les diverses sortes de nourriture? Comme nous l'avons vu au premier chapitre, les chats ont un goût et un odorat très aiguisés: ils sont éveillés à la présence des protéines et ils peuvent détecter le gras. Ils sont aussi très sensibles au goût de l'eau mais pas à celui du «sucré». Ils savent donc s'ils vont aimer ou non un aliment seulement en le sentant et n'ont pas besoin d'y goûter. Ils concluent que la nourriture est bonne au moyen du toucher, de l'odorat et du goût. Souvent, ils aiment les jeux de saveurs. Nos chats à nous sont fous du lapin et du faisan («*et*» du bacon «*et*» du saumon fumé – chanceux, va!), mais ne sont pas particulièrement attirés par d'autres viandes.

Placé devant deux sortes de nourriture également agréables au goût, le chat ira probablement vers celle qui offre une saveur nouvelle, ce qui permet de penser qu'en cette matière, les chats aiment la variété et le changement. Cependant, un chat stressé ou nerveux optera plus certainement pour la saveur qui lui est le plus familière, suivant son penchant naturel pour la sécurité et la garantie qu'offre une sorte qu'il connaît. Évidemment, chaque chat a ses propres préférences et, qu'il s'agisse de nourriture en boîte, sèche ou fraîche, il vaut mieux habituer votre chat à une panoplie de saveurs et de textures dès son jeune âge. Ainsi, vous lui offrirez un régime alimentaire équilibré et, de surcroît, vous éviterez qu'il devienne dépendant d'une unique saveur ou d'un seul type d'alimentation. Les nouvelles nourritures pour chat du type « tout dans un », venues d'abord des États-Unis, constituent une combinaison équilibrée en protéines et en gras et contiennent des minéraux et des vitamines de sources différentes mais consistantes, de sorte qu'il est moins essentiel de varier.

L'appétit du chat peut être affecté par la façon dont la nourriture est apprêtée et par son état émotionnel. Les bruits inhabituels, la présence de personnes étrangères, ou même une manière différente de remplir son plat peuvent causer une perte d'appétit. En vertu de leur goût et de leur odorat raffinés, les chats repoussent facilement un aliment rassis. Les aliments qui sont à une température allant de 25 à 40 °C sont ceux qu'ils apprécient le plus – c'est la température du corps des proies qu'ils mangent. Par conséquent, ne servez pas à votre chat quelque chose qui sorte tout juste du réfrigérateur, les basses températures atténuant son goût et son odorat. Enfin, si vous placez son plat trop près de la litière, il en sera peut-être dégoûté et refusera de manger, à moins qu'il s'abstienne plutôt d'utiliser celle-ci. Nous réagirions de même si on nous servait à manger près de la cuvette ! Le chat préfère habituellement un endroit rassurant, un peu en retrait des va-et-vient bruyants, où il peut prendre tranquillement une bouchée à l'abri des chiens chapardeurs ou des enfants trop curieux.

Il est intéressant de noter que les chats, venant originairement du désert, n'ont probablement jamais mangé de poisson. Ce mets n'a jamais constitué un produit de leur chasse (il n'existe qu'une seule espèce de chats-pêcheurs spécialistes qui vit en Inde). Alors, à l'exclusion des fois où ils ont chipé l'étrange poisson rouge de l'aquarium ou de l'étang, les chats n'ont jamais eu d'autre poisson que celui donné par la main humaine. Le rapport des chats avec le poisson semble s'être établi vers la fin de la Seconde Guerre mondiale, quand les fabricants de nourriture pour chats l'utilisèrent dans leur publicité parce qu'il était une source de protéines relativement peu coûteuse et déjà toute préparée. Ce fut de toute évidence une campagne publicitaire réussie, car l'association commodité et protéines demeure encore de mise depuis ce temps. Il ne faut pourtant pas en conclure que les chats n'apprécient pas le poisson. Beaucoup de personnes qui ont des chats pourraient témoigner du contraire.

Même si, quand vient le temps de manger, chaque chat a ses préférences, tous ont une chose en commun : ils ont besoin de viande et ils ne sauraient être végétariens. Alors que les humains et les chiens, omnivores, peuvent sans problèmes décider, s'ils en ont envie, de se passer de viande (oui, les chiens végétariens peuvent vivre heureux), un chat ne peut survivre sans inclure dans son alimentation certains ingrédients, telle la taurine, qui ne se trouvent que dans la viande. Les plats pour chats annoncés comme étant végétariens peuvent contenir de la taurine et d'autres nutriments vitaux pour eux. Si ce n'est pas le cas, cette nourriture s'avérera inadéquate et, de toute façon, ils la refuseront. Les chats aiment grignoter de l'herbe et les plantes d'intérieur, bien que ce soit probablement pour leur effet purgatif, et qu'ils les vomissent après coup. Certains raffolent des légumes ;

cependant, une nourriture exclusivement à base de végétaux ne remplirait pas les exigences d'une bonne alimentation.

Les chats devraient-ils prendre un seul repas substantiel par jour, ou plutôt plusieurs petits goûters ? Faudrait-il laisser constamment de la nourriture à leur portée ? La plupart des chiens, quant à eux, avalent d'un coup leur dîner parce que dans une meute de chiens sauvages ou de loups, il y a plusieurs bouches à nourrir et la compétition est forte. Pour maintenir un semblant d'ordre et éviter les blessures dans une bataille au moment du repas, ils doivent suivre dans le groupe un ordre établi qui détermine le moment où chacun peut foncer et manger. D'abord, le chien le plus fort mange jusqu'à ce qu'il soit rassasié, puis les autres suivent, selon leur rang hiérarchique jusqu'à ce que chacun ait eu tout son content. Souvent, le dernier doit rester autour, rôder et patienter en espérant qu'il en restera suffisamment pour lui. Les chats, étant des chasseurs solitaires, sont en général moins voraces et, s'il y a suffisamment de nourriture disponible, vont grignoter à plusieurs reprises plutôt que de tout avaler d'une traite. Des études sur le sujet ont démontré que lorsqu'ils en ont le choix, les chats mangent peu, mais jusqu'à 20 fois sur une période de vingt-quatre heures. C'est ce qui semble refléter leur manière naturelle de se nourrir. Les proies les plus communes des chats domestiques, les souris, fournissent chacune environ 30 kilocalories d'énergie. Un chat actif pesant 3,5 kilos dépense environ 300 kilocalories par jour – à peu près l'équivalent de 10 souris ou de 10 repas quotidiens. Cependant, pour survivre, nos chats n'ont pas à attraper des souris et les besoins du chat domestique adulte et bien portant, à l'exception des femelles ou des mères qui allaitent, peuvent être comblés par un seul repas quotidien si la nourriture est de bonne qualité nutritive. En dépit de cela, il continuera à chasser.

Mais nourrir son chat, c'est beaucoup plus que de lui fournir les calories et les éléments nutritifs dont il a besoin : c'est aussi un élément majeur dans la création de nos liens avec lui. Aussi, quelle que soit la sorte de nourriture choisie, le moment du repas peut devenir une période d'interaction et de communication. Quand le chat demande à manger et que nous lui donnons sa nourriture, il nous manifeste très chaleureusement sa reconnaissance.

Lorsque nous les appelons pour manger, les chats s'amènent en courant ; certains le font même bien avant qu'on les appelle parce que notre comportement les informe que l'heure du dîner approche. L'ouvre-boîte que l'on cherche, le plat que l'on nettoie, le bruit particulier d'une certaine porte d'armoire, voilà autant de stimuli qui le font surgir de nulle part avec enthousiasme. Une conversation truffée de miaous et de diverses réponses s'établit pendant qu'on le sert, et le chat se frotte et « marque » de son odeur son maître et même son plat pour activer le processus et s'assurer que rien ne viendra nous distraire et retarder le déroulement de l'opération. Il renifle d'abord brièvement le contenu, à titre de vérification, puis plonge dans la dégustation, toutes ses supplications envolées, et il n'a désormais plus besoin de son maître !

Bien que les chats puissent se satisfaire d'un ou deux repas, ou de nourriture sèche mise constamment à leur disposition, les behaviouristes suggèrent de les nourrir, particulièrement au cours de la première année, par petites doses répétées. L'interaction entre vous et votre chat à la faveur de chaque goûter vous permettra de vous rapprocher plus intimement de celui-ci et de poursuivre le lien affectif initial qu'il avait avec sa mère. À l'heure des repas, faites tous deux un effort pour communiquer, et ainsi vous pourrez aisément poursuivre et renforcer le rôle maternel dans la vie du chat, soudant ainsi vos liens d'amitié. C'est l'essence même des rapports harmonieux entre le maître et son chat, et l'une des principales raisons pour lesquelles celui-ci peut se relaxer et apprécier notre compagnie. Une fois que ces liens seront établis, les chats pourront manger légèrement et à leur rythme ou prendre des repas moins nombreux mais plus copieux.

Contrairement à leurs cousins canins plus gourmands, les chats ne mangent habituellement que la quantité dont ils ont besoin et sont donc moins sujets à l'embonpoint. Il existe une grande variété de taille chez les chats, même chez les chats de race ; il est donc difficile de déterminer la taille optimale qu'ils peuvent atteindre. Si vous vous demandez si votre chat est trop gros, regardez si un « tablier » de peau et de graisse pendouille sous son ventre et ballotte de gauche à droite quand il marche ! Assez souvent, particulièrement dans le cas des chats orientaux, leur graisse est répartie également sur leur corps plutôt que de prendre sous leur ventre la forme d'un sac de provisions. Votre vétérinaire saura vous dire si une diète s'impose et comment vous pouvez superviser adéquatement la perte de poids. Par ailleurs, plusieurs chats semblent capables d'avaler des montagnes de nourriture sans prendre une seule once de graisse.

Un travail bien fait !

Les chats sont naturellement propres. Non seulement ils passent le tiers de leur temps éveillé à se laver, mais leurs habitudes de toilettage sont à la fois impeccables et pudiques. C'est une autre raison qui explique pourquoi ils ont autant de succès comme animaux de compagnie. Quand ils doivent se soulager, les chats choisissent habituellement un endroit protégé de toutes parts, tel un coin tranquille du jardin, le dessous d'une haie qu'ils savent sans danger, où ils pourront s'accroupir – comme c'est la plus vulnérable des positions, ils doivent jouer de prudence. Ils choisissent une terre bien meuble (les nouveaux semis ont leur préférence), creusent, puis défèquent ou urinent dans le trou qu'ils remplissent, non sans avoir auparavant humé le tout. Pour notre plus grande commodité, tout cela se passe à l'extérieur et habituellement ailleurs que dans notre propre jardin. On n'a donc pas à s'en préoccuper. Cependant, le fait que le chiffre d'affaires de l'industrie de la litière dépasse les 90 millions de dollars américains par année donne à penser que ce n'est pas toujours le cas. En effet, beaucoup de gens n'ont pas le choix de s'occuper des dessous plus obscurs de l'arrière-train de leur chat. Ils déploient beaucoup d'énergie pour s'approvisionner de sacs de litière afin que minet ait un endroit où se soulager dans la maison.

Les chats peuvent utiliser la litière intérieure pendant une courte période seulement, lorsqu'ils sont trop jeunes, pas encore vaccinés et qu'ils risquent d'attraper des infections à l'extérieur; ou quand ils sont trop malades, trop vieux et trop frêles pour sortir vagabonder. Circulation urbaine oblige, beaucoup de nos chats sont gardés en permanence à l'intérieur. Certains, comme Flirt et Tosca, et beaucoup d'autres chats de race à poil court, n'aiment pas mettre le nez dehors par temps froid et encore moins devoir creuser dans la terre gelée. La plupart du temps, ils préfèrent utiliser la litière.

Quand nous accueillons des chatons de six à douze semaines (ou de plus de douze semaines dans les cas de pedigree), ces derniers n'éprouvent aucune réticence à utiliser la litière et nous nous félicitons du succès de leur entraînement. En réalité, tout le travail a déjà été fait par la mère et, pour peu que le chaton sache où est sa litière et qu'il puisse y avoir accès, tout se passe généralement bien pour le propriétaire du nouveau minou. Les bébés chats apprennent dès leur naissance à ne jamais souiller leur lit. D'abord, ils sont incapables d'uriner et de déféquer sans la stimulation de la langue de la mère sur la région concernée de leur abdomen et de leurs parties génitales. Les chatons agissent ainsi par réflexe jusqu'à l'âge de cinq semaines environ, quoique la plupart peuvent uriner et déféquer volontairement dès qu'ils ont atteint trois semaines. Alors que les chatons commencent à se promener et à explorer hors du nid, la mère continue à veiller à leurs besoins en matière de propreté. En les portant dans sa gueule hors du nid, elle leur inculque de façon définitive le réflexe de ne pas le souiller. Les bonnes mères enseignent la propreté à leurs petits et chaque génération en fait autant avec la suivante.

Quand ils jouent, les chatons remuent la terre avec leurs pattes, explorent ce qui peut servir de litière et découvrent ce qu'il y a autour. Ils ratissent et grattent instinctivement toute substance qui est douce et malléable. Ils apprennent aussi beaucoup en observant et en imitant leur mère, et très vite, ils associent l'odeur du bac à litière avec tout ce qui concerne la propreté. Quand ils sont sevrés, environ six semaines après leur naissance, les chatons ont acquis l'habitude d'utiliser la litière de manière autonome. Lorsque, une fois vaccinés, on les autorisera à le faire à l'extérieur, ils transféreront aisément cette technique avec la terre ordinaire.

Il peut nous sembler que nous avons bien peu à apporter dans ce processus. Placer le chaton sur sa litière après qu'il a mangé ou dès qu'il est éveillé, en fin de compte aux moments cruciaux où le besoin de se soulager est plus fort, suffit habituellement pour que son petit cerveau curieux en vienne à associer les deux fonctions. Nous devons cependant planifier l'emplacement de la litière et aussi ce qu'on y met. Ordinairement, les chats cherchent un endroit couvert pour faire leurs besoins ; aussi une litière à découvert, placée dans un endroit passant, ou près du lit d'un chien, pourrait être dissuasive et mal accueillie par un chat plutôt nerveux. Placé dans un coin, un bac constitué d'une boîte munie d'un couvercle (comprenant évidemment une ouverture de la taille du chat à une des deux extrémités), ou une litière préfabriquée, avec couvercle, peuvent aider le chat à se sentir plus en sécurité et lui donner le goût de l'utiliser. Un couvercle permet aussi de prévenir les dégâts causés par un chat qui aurait tendance à creuser avec trop d'enthousiasme et à jeter par-dessus bord le contenu du bac.

Comme le chat aime avoir la possibilité de creuser, il est déconseillé de mettre du papier journal à l'intérieur du bac, ainsi qu'on le fait parfois pour les chiots entraînés à faire leurs besoins dans une litière à l'intérieur. Aussi, la sorte de matière couvrant le fond de la litière est plus importante pour certains chats que pour d'autres. Étant des créatures originaires de lieux semi-arides, les chats vont utiliser avec enthousiasme le sable ou une matière faite de grains fins, s'ils en ont à leur disposition. Plusieurs travailleurs en construction en font l'expérience au retour du week-end : au moment de mêler leur ciment, ils découvrent souvent un bonus au sommet de leur tas de sable ! Bien des parents aussi réalisent que le bac de sable des enfants a servi plus d'une fois de litière aux chats du voisinage. Vous pourrez constater par vous-même la prédilection des chats en cette matière si vous avez récemment creusé dans votre jardin : la terre fraîchement remuée semble avoir attiré toute la population féline de la rue. Soyez astucieux : un tas de sable aménagé expressément dans un coin à cet effet sera probablement plus irrésistible que votre terre cultivée et vous sauverez ainsi les semis des ravages commis par les chats de la place. Je dis probablement parce que, fatalement, il se trouvera toujours un chat pour enfreindre la règle. Dans son livre intitulé *Travels with Tchaikovsky a Tale of a Cat,* Ray Hudson relate ses voyages à travers le monde en compagnie de son chat Tchaikovsky. Il y raconte qu'il a dû mettre à la disposition de son chat un bac à litière au milieu du désert parce que celui-ci ne voulait pas se soulager dans le sable. Pour l'influence des ancêtres égyptiens, on repassera !

Les litières pour chatons doivent être antibactériennes, ce qui n'est pas le cas du sable à moins que ce ne soit une variété stérilisée, que l'on trouve parfois dans les magasins de produits aquatiques. Les litières les plus populaires sont composées de terre *Fuller,* une sorte d'argile sèche granulée qui forme des agglomérats une fois mouillée. D'autres litières contiennent des types d'éclats de bois en boulettes qui les rendent beaucoup plus légères à porter, et des grains d'argile, plus fins. Les chats qui restent en permanence à l'intérieur ont en règle générale des coussinets beaucoup plus tendres que ceux des chats qui durcissent les leurs sur les trottoirs de béton ou sur les toits, à la faveur de leurs longues promenades nocturnes. Les chats d'intérieur risquent donc de trouver inconfortables les litières de boulettes plus grosses, et préféreront souvent les variétés de grains plus fins.

En ce qui concerne l'usage de la litière, le type que vous avez choisi déterminera la fréquence à laquelle vous devrez en disposer. Certaines exigent d'être remplacées plus souvent; d'autres, qui forment des agglomérats, permettent d'enlever ceux-ci, et même le liquide perdu avec une pelle, le reste étant utilisable pour une prochaine fois. L'enlèvement des déjections doit être fait régulièrement, avant que le chat ne les disperse autour du bac, lors de sa prochaine visite à la litière. Vous devez enlever les déchets au moins une fois par jour afin d'en prévenir l'accumulation (ce qui dissuaderait le chat d'utiliser sa litière), tout en laissant persister un peu d'odeur de latrines que le chat associera à l'activité en question. Quand vient le temps d'entraîner un nouveau chaton à la litière, il ne faut pas négliger cet aspect.

Les chats sont habituellement très minutieux et les accidents, rares. Voir les choses du point de vue du chat est une prémisse qui peut sembler banale, mais elle est nécessaire pour l'aider à se détendre et contribuer à prévenir quantité de problèmes. Ces derniers ont habituellement pour causes soit une maladie, soit une angoisse quelconque. Le chapitre 7 traitera plus en détail des moyens à prendre pour y remédier.

Astuces : pour une plus grande intimité

- Accueillez votre chat de face et échangez vos odeurs en le gratouillant et en le caressant.
- En présence d'un chat nerveux, éloignez vos mains jusqu'à ce qu'il soit détendu.

- Un nom d'une seule syllabe est plus facile à apprendre pour le chat. Prononcez-le toujours sur le même ton pour qu'il sache que c'est à lui que vous vous adressez.
- Le toucher est important, aussi accordez beaucoup d'attention à votre chat et caressez-le souvent.
- Avec les jeunes chatons, commencez le toilettage tôt et ne laissez jamais cette activité se transformer en bataille.
- Ne nourrissez pas votre chat avec de la nourriture sortie directement du réfrigérateur. Laissez-la prendre la température de la pièce avant de la servir.
- Voyez à ce que le chat ait un endroit chaud et sécurisant pour dormir.
- Nourrissez fréquemment le chat avec lequel vous tentez d'établir des liens.
- Enlevez la nourriture qu'il n'a pas mangée. L'odeur de gras rance est très repoussante pour son nez délicat.
- Les chats ne peuvent pas être végétariens.
- Placez le bac à litière dans un endroit sécurisant et trouvez un type de litière qui lui convient.

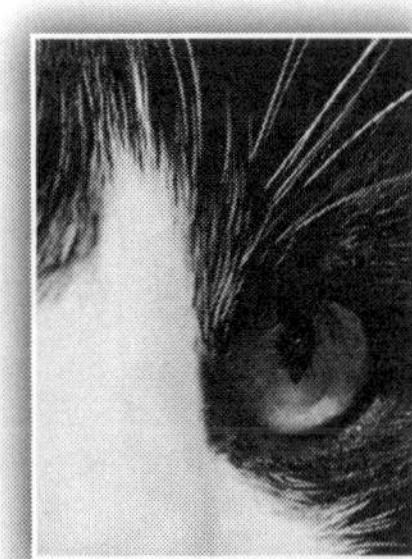

Chapitre 4

Développez votre relation avec votre chat

Jusqu'ici, nous avons vu comment le fait de mieux connaître le comportement de notre chat et ses préférences peut nous aider à communiquer avec lui et à combler ses désirs. Mais nous aussi, nous attendons quelque chose de cette relation – que voulons-nous, et comment pouvons-nous faire en sorte d'être satisfaits nous aussi?

Le chat peut être aujourd'hui considéré comme « le meilleur ami de l'homme », ou « de la femme », devrions-nous ajouter, puisqu'il y a probablement plus de femmes que d'hommes qui ont des chats (quoique ces proportions tendent aussi à changer). Dans nos foyers, actuellement, la gent féline dépasse en nombre l'espèce canine – presque 8 millions de chats contre 7 millions de chiens partagent nos vies. Ces chiffres dénombrent toujours plus de maisons avec des chiens qu'avec des chats, parce qu'il est rare qu'il y ait dans une maison deux chiens et plus, alors qu'on retrouve souvent des couples de chats. Il n'est pas plus compliqué d'avoir deux chats que d'en avoir un seul. On ne peut pas en dire autant des chiens qui, en général, exigent de nous un plus grand contrôle, ne serait-ce qu'à cause de leur taille. Nous devons les accompagner pour les promenades, les exercices, nous inquiéter de leurs jappements bruyants qui peuvent indisposer les voisins et, nous devons l'admettre, ils salissent davantage la maison. Contrairement aux chats, un couple de chiens exigera habituellement beaucoup plus de travail. Les personnes qui n'aiment pas les chats et qui n'ont jamais partagé leur vie peuvent à juste titre se demander comment cette créature indépendante, distante, qui ne fait même pas ce qu'on lui demande, s'est taillé une place de choix dans tant de cœurs et de foyers. En effet, nous, les félinophiles (personnes qui aiment les chats), semblons être du genre tout ou rien. En général, les gens n'éprouvent pas de sentiments mitigés vis-à-vis des chats : on les adore ou on les abhorre ! Plus de 50 % des propriétaires de chat laissent leur petit compagnon dormir sur le lit et beaucoup vont jusqu'à lui offrir des cadeaux à son anniversaire et à Noël, sans savoir si leurs gentilles attentions sont réellement appréciées. Certaines personnes ont peur des chats et, pour ces félinophobes, se trouver en leur présence peut causer la même terreur que d'autres éprouvent face aux araignées ou aux serpents, et cela, en vertu des mêmes idées irrationnelles et inexplicables, comme c'est le cas de toute phobie. Quelle est donc chez le chat cette particularité indéfinissable que nous aimons ou détestons tant ? Comment les chats sont-ils arrivés à se gagner une place si intime dans nos vies ?

Une nature souple

À l'origine, les chats se sont probablement associés aux humains dans l'Égypte ancienne. Ils avaient pour responsabilité de contrôler la vermine autour des entrepôts de grains et de nourriture. De nos jours, la majorité d'entre nous ne songe pas à leur donner la mission de faire la chasse aux rongeurs. En fait, au premier abord, il semble bien que nous n'attendions d'eux rien d'autre que leur compagnie. Les chats n'ont jamais été gardés dans le but de satisfaire nos besoins comme l'ont été les chiens, à qui nous avons confié des responsabilités comme garder les moutons, nous accompagner à la chasse ou agir comme chiens de garde. L'élevage sélectif nous permet actuellement un vaste choix de nombreuses races avec pedigree, de types de couleur et de pelages différents, mais la grande majorité d'entre nous continue de se contenter d'un bon vieux chat de gouttière.

Par ailleurs, comment le chat s'y est-il pris pour surpasser, sans changer, la cote de popularité du chien? Les chiens et les chats sont tous deux restés fondamentalement les mêmes depuis des milliers d'années. Le chien est toujours à 85% un loup, en dépit des modifications que nous avons fait subir à ses gènes; quant au chat, selon les plus récentes théories, aujourd'hui, sa génétique ne diffère pas de celle du chat sauvage d'Afrique; il a simplement su s'adapter pour vivre avec nous partout dans le monde, peu importe où nous l'avons recueilli. Par contre, notre société, notre façon de vivre et de travailler ont changé de façon radicale. Le chat et le chien ont dû s'adapter à tous nos changements, et faire leur place. Il nous faut reconnaître la grande flexibilité de ces deux espèces qui se sont si bien adaptées à nous jusqu'à maintenant. Toutefois, notre urbanisation progressive leur rend la vie de plus en plus difficile. Beaucoup de nos rôles dans cette société, spécialement celui de la femme, se sont élargis. Les choix de carrière, dictés souvent par la nécessité de payer une hypothèque plus élevée, s'orientent moins souvent vers le rôle traditionnel de la mère au foyer qui veille sur ses enfants et ses animaux de compagnie. Bien sûr, bon nombre d'hommes et surtout de femmes restent à la maison pour se consacrer à la famille, mais ce n'est souvent que pour quelques années et non pour la durée de vie de l'animal. Puisque les jeunes enfants passent une grande partie de leur journée à la garderie, puis à l'école, les animaux restent seuls à la maison.

Au siècle dernier, l'homme a quitté la campagne pour vivre dans les villes ou les banlieues, là où il pouvait décrocher un travail. De nos jours, plus de 80 % d'entre nous vivent dans ces zones. Heureusement, au Royaume-Uni, les banlieues sont encore relativement vertes, avec des parcs et des landes. Cela ne veut pas dire pour autant que les gens ne rêvent pas d'une vie plus champêtre ; seulement, les possibilités de trouver du travail se trouvent dans les zones les plus populeuses offrant plus de services (loisirs, écoles et transports publics).

Même si les horaires deviennent progressivement plus flexibles et que le travail à domicile (la technologie évolue à un rythme étonnant) est à la hausse, la plupart des travailleurs ne peuvent toujours pas échapper aux affres de l'aller-retour quotidien. Dans ce contexte, les chiens et les chats peuvent nous aider à recréer ce lien avec la nature qui nous manque tant et nous fournir une occasion de communiquer et de décompresser.

De prime abord, une ferme, une maison de campagne avec un grand jardin et des champs ouverts et accessibles représentent la situation idéale pour garder des chiens. Il n'empêche que ces derniers peuvent vivre également heureux en banlieue. Dans certaines zones urbaines, on a aménagé, à leur intention, des endroits surveillés pour qu'ils puissent faire de l'exercice. Cependant, plus la population est dense, moins il y a d'espaces pour marcher, et plus les maîtres de ces chiens doivent déployer d'efforts pour les amener à se dégourdir et, plus prosaïquement, à faire leurs besoins ou à uriner. Alors que les chats peuvent entrer et sortir de la maison par la chatière, ou utiliser un bac à litière, les chiens ont encore besoin de nous pour sortir, et alors le temps pour se trouver sans surveillance à l'extérieur se trouve par le fait même limité.

Le chien est fondamentalement un animal social qui apprécie et requiert la compagnie d'autres chiens et celle des humains qui se sont avérés avec le temps des substituts plus qu'acceptables. Beaucoup de chiens n'aiment pas être laissés seuls, et quand leur anxiété déborde, cela les porte à mâchouiller des objets, à japper ou à hurler, incommodant ainsi leur propriétaire et les voisins. Pour leur part, les chats sont des créatures plus solitaires, mais ils socialisent avec quelques-uns de leurs congénères et apprécient leur compagnie. Ils ressentent rarement l'angoisse de la séparation. Pourtant, il existe un chat de type oriental qui a quelque lien de parenté avec le chien et qui semble souffrir si son maître le laisse seul à la maison.

Aussi, dans un contexte où personne n'est à la maison durant la journée, le travail à l'extérieur commençant tôt et finissant tard, le chat est une meilleure option qu'un chien d'un point de vue pratique.

Il faut avouer de plus que de nos jours, l'opinion n'est pas particulièrement favorable aux chiens. Les propriétaires d'un gros animal à l'air menaçant en sont probablement conscients quand ils se promènent dans les parcs du quartier et que leur chien effraie les gens. Avec toute la publicité négative à propos de morsures et de blessures infligées par des chiens, les propriétaires doivent se montrer plus prudents que jamais – même si leur chien est gentil. Ceux qui possèdent un animal au tempérament imprévisible, surtout s'ils vivent dans des quartiers populeux, doivent être particulièrement sur leurs gardes. C'est ainsi que le port de la muselière est à la hausse. Dans certains cas, la loi l'oblige; dans d'autres, on veut simplement prévenir les risques de poursuite si un accident survient. Étant donné que les propriétaires de chiens sont légalement responsables des actes de ceux-ci, ils doivent s'assurer contre les blessures ou les accidents causés en tiers par leur chien et pour les frais éventuels de vétérinaire. À juste titre se multiplient des tollés contre les cabots qui se soulagent dans les parcs et sur les trottoirs. Les parents de jeunes enfants sont les premiers à s'inquiéter de la qualité des parcs et des aires de jeux. Bien que les chats se soulagent parfois aussi sur le terrain du voisin, ils s'en sortent généralement bien parce qu'ils recouvrent leurs dépôts. Par ailleurs, a priori, dans les affaires légales, les chats ne sont pas considérés comme des contrevenants. Pourtant, ils peuvent être responsables d'accidents, et les propriétaires négligents risquent de devoir répondre d'une blessure causée par leur chat sur une personne. Par exemple, s'ils étaient au courant du comportement agressif de leur animal et qu'ils l'ont tout de même laissé dehors – ce qui, en pratique, est très difficile à prouver. Les chats représentent une relation à faible risque: on doit exiger certaines choses quant à leur comportement mais ce qu'ils nous offrent sur le plan émotionnel est incalculable.

Les chiens peuvent convenir à certains types de foyers, mais les chats s'adaptent plus aisément. Ils sont capables de vivre au sein de la nature, dans des colonies de chats harets, à proximité des hommes, avec des contacts humains plus ou moins forts ou, à l'autre extrême, de passer toute leur vie dans un appartement au vingtième étage. Puisque notre quotidien doit se plier à de multiples règles et contraintes et que nos espaces sont de plus en plus limités, le chat s'avère sans conteste un animal de compagnie passe-partout. Il convient à tous les styles de vie, de l'appartement en ville au manoir à la campagne.

Qu'attendons-nous de nos chats ?

Dans les sondages, quand on leur demande pourquoi ils ont un chat, les gens répondent : pour avoir de la compagnie, parce qu'ils sont propres, qu'ils nous donnent de l'amour, qu'ils sont faciles à garder, et que leur forme et leur personnalité nous enchantent. Ceux qui ont des chiens mentionnent l'importance d'avoir de la compagnie, en ajoutant cependant l'avantage d'avoir une protection, pour soi et pour la maison. Ils peuvent refuser d'admettre leurs motivations inconscientes, reliées au statut social et à l'ego renforcé quand on possède par exemple un rottweiler à l'air féroce ou un magnifique, gracieux et très coûteux afghan.

Le chat est un animal domestique beaucoup plus personnel. Quelques-uns peuvent prétendre à un certain statut que leur conféreraient le luxe de leur robe et l'ancienneté de leur pedigree ; mais la plupart, qu'ils soient de race ou de gouttière, sont chéris tout autant, et ce, en dépit des grandes différences de leur caractère, et pour les mêmes raisons. Alors que celui qui possède un caniche jouet peut s'étonner qu'une personne veuille garder un mastiff, ou vice versa, ceux qui ont des chats comprennent l'attrait que suscite l'espèce féline dans son ensemble, peu importe la forme, la taille ou la longueur du poil du minou.

Les relations homme-chat se nouent selon d'innombrables combinaisons. Chaque tandem est unique. Certaines anecdotes donnent à penser qu'il existe des chats particuliers agissant davantage comme des chiens. Mentionnons par exemple ceux qui, avec leur maître, voyagent à travers le pays en auto ou en train, ou ceux qui ont sauvé des familles d'un incendie. Mais au bout du compte, la plupart des chats et leurs propriétaires jouissent d'une relation très similaire. Alors que les façons de voir le chat et d'apprécier sa compagnie sont infinies, la profondeur de la relation dépend de notre besoin de l'avoir près de nous pour partager notre vie.

Le chat de la famille

Beaucoup de chats vivent au cœur d'une famille humaine. Au début, la bête n'a bien souvent qu'un propriétaire. Comme l'espérance de vie d'un chat atteint maintenant douze ans, et que plusieurs vivent plus de vingt ans, la famille s'agrandit d'un conjoint et puis d'enfants, de chiens, de poneys, de lapins, de gerbilles, de poissons rouges et, dans 35 % des foyers, d'autres chats également. Quand les enfants sont petits, la maison est presque toujours habitée. Le chat s'y déplace à sa guise, à moins qu'il ne doive trouver en hauteur des niches sécurisantes parce que les petits en sont au stade où ils attrapent tout et que le chiot ne sait pas encore que le chat est le maître. Il va et vient comme il l'entend, agissant de façon tout à fait indépendante. Personne n'a le temps d'observer tous ses mouvements ou de porter attention à chacun de ses miaous ; aussi le chat apprend à faire son affaire, en prenant son profit ou en libérant la place.

Les enfants aussi apprennent à communiquer avec les animaux de compagnie, à s'en occuper et à prendre la responsabilité des opérations routinières, comme les nourrir et nettoyer leur litière. À certains moments, le chat peut également devenir le « seul ami » d'un enfant qui se sent incompris ou rejeté. S'il mijote une fugue, l'enfant qui songe à amener son ami poilu dans le sac à dos peut échouer dans ses tentatives : bonne raison alors de rester à la maison et de passer à travers l'épreuve. D'ordinaire, le fait de se confier au chat, de le caresser et de se relaxer suffit pour que l'enfant se change les idées et que les choses reviennent à la normale. De nos jours, les enfants ont peu d'occasions de s'intégrer, que ce soit avec les autres enfants ou les animaux. Le monde extérieur étant très peu sûr, un sentiment d'inquiétude bien légitime fait obstacle aux relations spontanées. De la petite ville d'Irlande où j'ai grandi parmi une bande de gamins de mon âge, j'ai encore nettement en mémoire ces chiens qui passaient leur journée à errer autour de la ville – ils s'arrêtaient quand quelqu'un leur offrait un biscuit ou jouaient un peu avec nous, puis continuaient leur chemin. Les chats se promenaient également autour des maisons – avoir un chat qui donnait naissance à des chatons dans le coffre à charbon était un événement excitant, mais pas extraordinaire. Bien sûr, il y avait beaucoup plus de chiens et de chats errants à cette époque et nombre de chatons mouraient à la suite d'un accident ou d'une maladie. Cette expérience, certes douloureuse, nous permettait d'apprivoiser la mort. À cette époque, il y avait aussi plus d'espace, et les animaux vivaient dans une plus grande liberté. Voilà qui diffère complètement de nos villes populeuses actuelles – du moins, en Angleterre. Toutefois, en Irlande, la situation des chiens a peu changé, en dépit des contrôles resserrés sur les animaux errants.

Une étude de l'Université de Cambridge ayant comparé des groupes d'enfants, les uns ayant des animaux domestiques à la maison et les autres pas, a conclu que dans les familles où on gardait des animaux, les enfants avaient de meilleures relations avec leurs parents et une vie familiale plus épanouie. Selon cette étude, la qualité des relations dans la famille augmente avec la présence d'animaux domestiques. C'est peut-être dû au fait qu'un animal dans la maison permet de distribuer les responsabilités du divertissement ou soulage l'engagement parental en toutes choses, en répandant le besoin d'amour et d'attention sur un plus grand nombre d'individus, humains ou animaux. Les animaux de compagnie fournissent aussi un exutoire commun pour la communication et atténuent les rivalités entre frères et sœurs.

Chats citadins

Quand on vit dans un village, rien qu'à tourner le coin de la rue en entrant dans le quartier, on a d'ores et déjà l'impression d'arriver chez soi parce que les gens que l'on croise font partie de notre communauté. Cependant, dans les villes modernes, beaucoup de gens ignorent tout à fait qui habite dans la maison voisine ou dans l'appartement du dessus ou du dessous, et l'idée de domicile se résume à une petite maison, un petit appartement, un studio, et leur contenu. La plupart des couples sans enfants, qui vivent au cœur des villes ou dans les environs, passent toute la journée sur les lieux de leur travail. Ainsi, le premier à rentrer doit faire face à un intérieur silencieux et peu accueillant, et il lui faut du temps avant de se détendre réellement et de se sentir chez lui. Après un parcours frustrant dans les transports en commun au milieu de milliers d'autres personnes également pressées d'arriver à la maison ou après le stress des congestions routières, il est impératif de se débarrasser de la fébrilité et des tensions de la journée.

Dans de tels moments, le chat peut vraiment nous aider et nous prouver que sous cette petite boule de fourrure qu'on se plaît à caresser se cache un parfait thérapeute. Même lové sur le fauteuil parmi les coussins, il rayonne de contentement et dégage une impression de détente complète. Un miaou de bienvenue est tout ce qu'il faut pour briser la glace et vous ramener instantanément dans l'ambiance de la maison et de la famille. Ceux qui vivent seuls – et le nombre de propriétaires célibataires ne cesse de croître très nettement chaque année – chérissent encore davantage le chat pour sa compagnie, son intelligence et pour la facilité de son entretien. Sans compter qu'il nous donne un avant-goût du retour à la nature et qu'il nous rapproche des valeurs de base de la vie et des plaisirs simples. Le chat, sans contredit, comble le besoin de donner de l'amour et de communiquer, d'exprimer des émotions et d'être aimé en retour. Les maîtres célibataires appartiennent à la catégorie où le nombre de chats augmente le plus rapidement et où le « besoin » d'en avoir un est très fort. Dans ce contexte particulier, les chats doivent être capables de s'adapter et montrer beaucoup de souplesse. En effet, leurs maîtres attendent d'eux de l'interaction et de l'attention quand ils sont à la maison, le matin et le soir, mais ils les laissent ensuite seuls pour le reste de la journée.

Dans les campagnes, la densité moyenne de la population féline est d'un chat par 20 à 25 acres. À Londres et dans les autres villes, l'augmentation est stupéfiante : jusqu'à un chat par 0,02 acre ; c'est mille fois plus. Pendant qu'il traverse le jardin, le chasseur solitaire tombe donc immanquablement sur un lot de congénères peu accueillants. De son côté, vu le manque d'espace et la quantité d'autres chats qu'il doit apprivoiser, le chat nouvellement arrivé dans une zone peut passer un mauvais quart d'heure lorsqu'il tente de se tailler une place. Outre le nombre accru de chats, il faut prendre en compte le danger accru entraîné par la présence de plus de gens, de chiens et de circulation. C'est pourquoi beaucoup de citadins gardent de façon permanente leur précieux compagnon à l'intérieur.

Les chats vivant en permanence à l'intérieur

Les chats qui sont gardés à l'intérieur de façon permanente ne peuvent assurément pas exercer la plus féline de leurs prérogatives, celle de partir et s'en aller ailleurs s'ils n'aiment pas leurs conditions de vie. Ainsi, pour se conformer aux attentes des humains, ils vivent beaucoup plus de pression que leurs semblables qui vont et viennent à leur guise. Parce qu'ils sont très proches de leurs maîtres en tout temps, tous les aspects de leur comportement sont observés, et leurs habitudes et leurs préférences soigneusement consignées. Le chat doit apprendre à calquer sa journée et sa semaine sur celles de ses compagnons humains – après tout, il ne se passe quelque chose que lorsque les maîtres sont présents. Ces derniers devraient prendre conscience de l'impact qu'ils ont sur la vie de leur chat quand ils sont ensemble, et de la responsabilité qui vient avec ce pouvoir. Le Dr Dennis Turner, qui a mené en Suisse une grande partie de la recherche sur le comportement du chat et sur la relation chat-humain, a découvert que les propriétaires des chats qui ne sortent jamais étaient moins enclins à accepter que le petit félin soit une créature autonome. Ils avaient tendance à rejeter l'idée que leur chat puisse décider par lui-même de son mode de vie et de ses relations avec sa famille humaine ou avec les autres chats de la maison. Néanmoins, les propriétaires dont les bêtes vivent en permanence à l'intérieur tolèrent davantage les comportements moins acceptables de ceux-ci, comme les griffures sur les meubles.

Cependant, les psychologues pour animaux reçoivent un nombre effarant de chats vivant à l'intérieur par rapport aux chats qui sortent à l'extérieur. S'il en est ainsi, c'est parce que les premiers n'ont d'autre choix que d'exprimer le répertoire complet de leur comportement à l'intérieur de la maison, tandis que le chat qui évolue en toute liberté passerait normalement une partie de sa journée dehors à jouer son rôle de chasseur et de patrouilleur sur le territoire. Cette dernière fonction exige de la vigueur et une grande concentration et permet au chat de dépenser à la fois son énergie mentale et physique, et de donner libre cours à son comportement instinctif. On doit donc, quand vient le temps de choisir un chat qui sera confiné à l'intérieur, considérer sérieusement la race. Les races les plus énergiques, qui s'attachent étroitement à leur maître, tels les siamois et les chats de Birmanie, ne représentent pas le meilleur choix s'ils doivent être laissés à eux-mêmes dans un petit appartement. Un spécimen d'une race plus tranquille, plus détendue ou un bon vieux chat de gouttière feront mieux l'affaire et sauront mieux se débrouiller seuls, conformément à l'adage qui dit qu'on ne peut pas regretter ce que l'on n'a pas connu.

Pour les mêmes raisons, les chats gardés à l'intérieur ont besoin qu'on les fasse jouer et qu'on s'occupe souvent d'eux. Il leur faut des objets nouveaux à découvrir pour qu'ils ne s'ennuient pas, et pour qu'ils soient en mesure de donner libre cours à leur nature hautement développée d'explorateur et de prédateur. Avoir deux chats plutôt qu'un seul est une bonne idée parce que cela leur permet de s'amuser ensemble, de se tenir mutuellement compagnie et enfin, de se partager la responsabilité de distraire leur maître. Bien entendu, il ne s'agit pas d'une façon indispensable de s'assurer que son chat soit satisfait et heureux en restant à la maison. Mais les avantages à retirer de ces dispositions valent certainement d'être considérés.

Mettez-vous à la place de votre chat. Imaginez que votre vie entière se passe dans un petit deux pièces. Vous allez remarquer le moindre petit changement dans la position d'un tableau ou la façon dont une chaise est placée – le chat connaît intimement le profil de l'appartement, autant par les caractéristiques physiques que par l'odeur. Pour un chat sensible, les changements, comme une nouvelle moquette, ou même les odeurs étrangères sur les chaussures de son maître, peuvent être très bouleversants. Pour empêcher que le chat devienne exagérément vulnérable vis-à-vis des moindres modifications de son environnement, il est bon de le garder intéressé et de l'habituer aux nouveautés en apportant régulièrement dans la maison des nouveaux jouets et en invitant des nouvelles personnes.

Tout problème ou changement dans le comportement du chat est aussitôt noté et le maître a tendance à s'en attribuer la faute ; il présume que cela est dû à quelque chose qu'il a fait ou qu'il a omis de faire. Il faut dire que certaines de ces manifestations sont très dérangeantes, comme lorsque minou, confiné dans un tout petit appartement, décide de laisser tomber l'usage de sa litière. Il risque aussi de devenir très attaché à son maître, au point d'en être exagérément dépendant et de souffrir de ses absences.

Les chats vivent dans le présent et n'ont pas la moindre idée de l'alternance de la semaine de travail et du week-end consacré aux loisirs, même s'ils arrivent à modifier leur routine quotidienne quand le maître est aux alentours. Les choses se compliquent quand ce dernier amène son chat – d'ordinaire cloîtré à l'intérieur – à sa maison de campagne et le laisse sortir tout un week-end. (Il s'ensuit deux jours de pur plaisir payés de cinq jours de frustration !) Apprivoiser le monde extérieur pose rarement un problème aux chats et même ceux qui n'ont pas couru le vaste monde avant l'âge de sept ou huit ans s'adaptent étonnamment bien à une première sortie à l'extérieur. Ils se retrouvent dans la nature comme des poissons dans l'eau.

Cependant, les problèmes commencent lorsque les chats se trouvent à nouveau reclus toute la semaine dans l'appartement et qu'on attend d'eux qu'ils reprennent leurs anciennes habitudes, loin des plaisirs et de l'excitation du monde extérieur. Un jour, on les garde prisonniers et l'autre, on leur permet de sortir dans la nature, où ils renouent alors avec leur personnalité sauvage instinctive. Certains chats s'en accommodent bien ; d'autres pas. Voyons le cas d'un de ces chats soumis à un aller-retour régulier de la campagne à la ville qui s'était mis à afficher des symptômes névrotiques. Il se lavait sans arrêt, léchait ses pattes et arrachait si vigoureusement ses poils qu'il s'écorchait jusqu'à la peau. On était en présence d'une véritable automutilation causée par le « stress », comportement d'une grande complexité pour qui veut arriver à une juste interprétation du problème et à en identifier les causes. Dans le cas qui nous intéresse, les maîtres de ce chat croyaient, sans l'ombre d'un doute, qu'ils lui faisaient une immense joie en l'amenant avec eux à la campagne. Ils étaient incapables de comprendre les frustrations et les inquiétudes que cette sortie provoquait chez leur animal aux prises avec des changements successifs.

On pense généralement que si l'on stimule le chat avec des jouets et qu'on lui propose de nouveaux jeux pour qu'il dépense son énergie (un compagnon félin remplirait bien ce rôle), le chat gardé à l'intérieur arrivera facilement à être heureux. En cela, on se fie à sa merveilleuse faculté d'adaptation – après tout, c'est un tigre miniature confiné dans un salon.

Des chats substituts d'enfants ?

Les femmes sont les plus grandes amoureuses des chats. Beaucoup d'hommes recherchent aussi la compagnie des chats, mais ils n'éprouvent pas nécessairement la même passion délirante pour leur animal. Cela s'expliquerait par le fait que l'homme, à l'instar du chien, comprend davantage la mentalité de la meute, l'instinct grégaire du chasseur et qu'il s'identifie beaucoup moins au chasseur solitaire qu'est le chat. Cette explication réductrice risque plus qu'autre chose de faire réagir quantité de félinophiles masculins. Les femmes, dont le comportement semble valoriser davantage l'éducation, les marques d'affection et d'attention, reçoivent finalement peut-être un plus grand feed-back de la part des félins. Comme c'est la femme qui effectue la plus grande partie du travail de nettoyage et de préparation des repas, elle est donc plus en mesure de connaître tous les aspects de la vie du chat.

L'idée que les chats puissent jouer le rôle de substituts d'enfants n'est pas nouvelle et elle est généralement mise sur le compte du nombre important de femmes qui ont des chats et sur leur manière d'être et d'agir avec eux. La dimension remarquable des yeux des chats a déjà été évoquée : leur ressemblance avec ceux des bébés expliquerait en partie la fascination qu'ils exercent auprès de la gent féminine. La comparaison tient d'autant plus quand on prend en compte en plus du plaisir des cajoleries et des caresses. À cet égard, ce sont principalement les enfants et les personnes âgées qui comparent les chats aux bébés. Ce n'est pas le cas de la femme d'âge moyen (de 25 à 55 ans) qui travaille. Quand ils s'avèrent de véritables substituts d'enfants, la situation est plus fréquente chez les femmes d'un certain âge, financièrement à l'aise et qui, se sentant peut-être seules, prodiguent plus d'amour et d'attention à leur animal de compagnie – mais pourquoi pas ? Donner de l'amour procure une sensation d'estime de soi et, pour la plupart des gens, le chat comble ce besoin de s'occuper de « quelqu'un » et de se rendre utile.

Une thérapie particulière

Dans certains cas, se sentir utile représente l'ultime raison de vivre. Quantité de personnes âgées, incapables de sortir parce qu'elles souffrent d'un handicap physique ou qu'elles ont peur d'affronter les dangers du monde extérieur, ont leur chat pour unique compagnie. Ce dernier leur assure non seulement des marques d'amour et une présence indéfectible, mais il donne à une vie qui n'a peut-être pas plus à leur offrir un but et un sens. Ces sentiments d'amour et cette valorisation, le chat peut les partager simplement du fait qu'il choisit de s'asseoir et de ronronner sur les genoux de la personne, qu'il accourt quand elle l'appelle et qu'il « participe » en quelque sorte à la conversation. Il est bien connu que les caresses diminuent le stress, font baisser la pression et procurent une sensation de bien-être. En effet, dans certaines institutions à l'esprit avant-gardiste, on a découvert que le personnel pouvait aider les résidants à se détendre et même à se passer de somnifères en leur donnant l'occasion de caresser et de cajoler un chat.

Beaucoup d'institutions qui se consacrent aux soins des personnes âgées ou handicapées mentales ont également constaté une amélioration de l'estime de soi chez ces personnes et un plus grand désir de communiquer après la visite d'un chat ou d'un chien. Les instances administratives de ces résidences ont pris des décisions pour atteindre précisément cet objectif. Dans beaucoup de cas, le chat résidant, officiellement adopté par l'institution, trouve son bien-être non seulement à cause de la température plutôt élevée de ces établissements, mais à cause de l'amour de ces personnes et… du grand nombre de genoux qui requièrent sa présence. On rapporte beaucoup d'anecdotes à propos de personnes institutionnalisées, jusque-là refermées sur elles-mêmes, qui ont recommencé à parler après des années de silence, grâce à un chat qui leur sert d'interlocuteur. Bien des chats sont à la hauteur de leur rôle thérapeutique et semblent par ailleurs capables de déceler qui est en manque d'amour et d'attention – serait-ce encore ce fameux sixième sens ?

Les chats de ferme traditionnels

Dans la lignée de la tradition, il existe encore ici et là quelques chats de ferme qui peuplent les dépendances et les granges et se nourrissent de petits rongeurs – ceux qu'on n'a pas réussi à éliminer au moyen des poisons et des trappes. De nos jours, rares sont les chances de bénéficier gracieusement d'un repas, de surcroît, de la main d'une domestique en train de traire les vaches et qui – tel que rapporté par le folklore – fait gicler expressément dans une fissure du sol un filet de lait à l'intention du chat. Les installations modernes de traite sont bruyantes et peu attrayantes pour les chats et le cadeau d'un filet de lait devient chose rare. Comme on désinfecte promptement les lieux au fur et à mesure de la traite mécanisée du bétail, il est même risqué pour un petit chat de s'y attarder. Si les chats harets continuent de s'agglutiner autour des fermes, ils sont souvent pourchassés et traités comme de la vermine. Un petit nombre d'entre eux ont le privilège d'être admis dans la maison de ferme où on les nourrit comme des animaux domestiques, ainsi qu'il en a été depuis des siècles.

Les chats harets

On appelle harets les chats domestiques, ou leurs descendants, retournés vivre à l'état sauvage, loin donc de l'assistance directe de l'homme et de sa maison. Ils ne constituent pas une espèce différente comme celle du vrai chat sauvage écossais. Souvent ce sont des chats qui ont été abandonnés, qui se sont perdus ou qui descendent de générations de chats vivant à l'état sauvage. Les chats harets forment souvent des colonies qui se multiplient – leur nombre va de quelques-unes jusqu'à des centaines – et qui se regroupent là où il y a de la nourriture et un abri. Les chantiers navals, les hôtels, les parcs industriels et les terrains entourant les hôpitaux sont leurs sites habituels. Ils chassent, fouillent dans les poubelles et trouvent généralement assez de nourriture pour survivre et, assez régulièrement, de bons samaritains les nourrissent. Leurs pourvoyeurs sont généralement des individus dévoués qui, munis de sacs et de chariots de nourriture, se fraient un chemin une ou deux fois par jour jusqu'à la colonie de « leurs » chats, qui les accueille avec enthousiasme. La relation entre eux et celui qui les nourrit peut être extrêmement amicale : certains acceptent d'être caressés et de se laisser prendre ; d'autres n'avanceront pas tant que la nourriture n'a pas été déposée par terre et que les humains n'ont pas tous quitté les lieux.

Certes, les chats ont besoin de leurs ravitailleurs surtout quand ils finissent par compter sur eux pour avoir des repas réguliers. Par ailleurs, les motivations et les capacités de la personne qui les nourrit sont plus complexes. Souvent ce sont des vieilles dames qui leur consacrent une partie de leur maigre pension, au détriment de leurs propres besoins, et qui les considèrent comme « leurs » chats. Elles agissent ainsi pour sentir que « quelqu'un » dépend d'elles et pour éprouver encore, malgré leurs limites, le plaisir d'exercer le grand sens des responsabilités qui les anime. L'exclusivité de la communication, l'accueil chaleureux qui leur est réservé, de même que le privilège de pouvoir visiter à nouveau des chats qui fuient les autres humains, voilà la récompense de leurs efforts.

Comment le chat nous perçoit-il ?

Comme nous l'avons vu, les raisons pour lesquelles nous cherchons la compagnie des chats sont nombreuses. Il serait intéressant maintenant de voir comment le chat nous voit. Attend-il de nous autant que nous attendons de lui ?

Avec nous, les chats se comportent presque toujours comme des chats d'intérieur. Dans la sécurité de leur foyer, ils sont détendus et, pour satisfaire leur estomac, ils n'ont pas à chasser s'ils n'en ont pas envie ; ils peuvent s'installer confortablement à la chaleur, jouir de notre compagnie et être nourris, sans la moindre inquiétude, comme c'était le cas avec leur mère. Avec nous, ils revivent la période où ils étaient plus sociables, le temps de leur petite enfance : ils réclament de l'attention, miaulent quand ils ont faim et plus souvent qu'autrement, ils sont promptement récompensés de leurs efforts. Ils réagissent alors en ronronnant et n'en sont que davantage caressés, ce qui a un effet réconfortant et positif autant pour l'animal que pour son maître. Nous les berçons sur nos genoux de la même manière que la chatte enroulait ses petits pour les allaiter. Quand leur plaisir déborde, ils posent leurs pattes sur nos genoux ainsi qu'ils le faisaient pour stimuler l'écoulement du lait des tétines de leur mère. Il leur arrive même de saliver en suçant notre peau ou nos vêtements. Quand nous les faisons jouer avec des bouts de ficelle, nous imitons la mère chatte qui apportait une proie blessée juste suffisamment pour que les petits puissent la prendre comme jouet et qu'ils s'initient à l'art de la chasse.

Évidemment, il serait vraiment simpliste de décrire ces rapports comme étant exclusivement ceux qui existent entre une mère nourricière et son enfant. Il serait peut-être plus juste de dire que cette relation, qui nous plaît et nous gratifie, procure au chat une confiance telle qu'il se détend et extériorise un comportement qu'autrement nous aurions rarement l'occasion d'observer, puisqu'il ne l'adopte vraiment qu'avec sa mère. Toutefois, occasionnellement, avec d'autres chats avec lesquels il se sent complètement à l'aise, il adoptera un comportement similaire. Il n'entre pas de compétition dans sa relation avec nous –

le chat ne nous voit pas comme il verrait un autre chat mais simplement comme une créature qui lui procure indéfectiblement sécurité et approvisionnement. Les chats qui s'entendent bien entre eux jouent ensemble et ils poursuivent cette activité même devenus vieux. Cependant, souvent ce jeu relève plutôt de la chasse ou de la lutte. Quand ils se font réciproquement la toilette (si vous observez bien), vous remarquerez qu'il arrive un moment où la question du contrôle entre en ligne de compte : il devient important, en termes de statut, d'établir clairement qui toilette et qui est toiletté. Comme de raison, le chat le plus fort est celui qui fait le toilettage – le fait que l'autre y consent signifie qu'il s'abandonne un peu et accepte ce contact intime. Il y a rarement une compétition de ce genre entre les chats et nous. Ils semblent nous considérer comme des partenaires : ils se détendent simplement et baissent la garde. On en a pour preuve la position caractéristique de la croupe en l'air (surnommée chez l'une de nos siamoises « la croupe séductrice ») qui n'est rien d'autre qu'une réaction sexuelle de consentement. Le toilettage est apprécié durant toute la vie du chat, bien au-delà de l'enfance. Que ce soit celui entre chats amis ou l'autre, entre les personnes et leurs chats, il représente de toute évidence un grand plaisir pour eux. Cependant, leurs comportements les plus intéressants et les plus gratifiants, à notre point de vue, sont ceux qui font ressortir leur côté juvénile, comme sauter sur nos genoux et ronronner, privilège autrement réservé à la chatte mère.

Astuces : se détendre avec son chat

Maintenant que vous savez comment gagner l'affection de votre chat, comment peut-il vous aider à vous détendre et à construire une relation qui soit mutuellement agréable ?

- Répondez au besoin de contact de votre chat et prenez plaisir à le rendre heureux.
- Donnez-lui de courts mais fréquents moments d'attention pour maintenir votre communication fraîche et enthousiaste.
- Profitez de la présence de votre chat pour vous détendre après une dure journée de travail ou d'activité intense. Les caresses ralentissent le rythme cardiaque et abaissent la tension artérielle.
- Confiez-lui vos inquiétudes et faites-en votre confident – en plus de comprendre vos états d'âme, il ne trahira pas vos secrets.
- Savourez un tendre câlin et le sentiment apaisant qu'il suscite.
- Faites plaisir à votre chat en lui offrant une gâterie inhabituelle et émerveillez-vous de sa réaction.
- Acceptez et admirez le côté sauvage de votre chat, cela rapproche de la nature. En l'observant dans ses activités à l'extérieur de la maison, même en ville, vous découvrirez un pan de son excitant univers.
- Souvenez-vous qu'un chat vivant toujours à l'intérieur a besoin d'être stimulé : il doit jouer et aussi recevoir beaucoup d'attention pour pouvoir exprimer entre quatre murs tout son répertoire comportemental. Vous apprécierez le privilège de pouvoir observer les exutoires des multiples facettes de sa personnalité et vous lui donnerez l'occasion de les exprimer.

Invitez une personne âgée de votre voisinage. Puisque la présence du chat vous est bénéfique, pourquoi ne pas apporter le même réconfort à une autre personne qui en a bien besoin ?

Chapitre 5

Les types de caractère

Toute personne qui a un chat vous dira que le sien est différent des autres, qu'il a un caractère, des goûts, des habitudes et des particularités qui lui sont propres. Si les chats étaient tous exactement pareils, sauriez-vous différencier le vôtre en vous guidant uniquement sur son comportement? Sa manière d'agir exprime son style et sa personnalité tout à fait uniques. Parce que nous vivons très près de nos animaux de compagnie, nous pouvons identifier les traits complexes de leur comportement. En « domestiquant » les chats et en pourvoyant à leurs besoins, nous avons jeté dans l'ombre leurs talents de chasseurs. Nous avons alors permis à d'autres traits de leur personnalité de se développer davantage. Il ressort de nos échanges avec d'autres propriétaires de chats qu'on retrouve un large éventail de caractères chez nos petits félins. Qu'est-ce qui leur confère une personnalité unique ?

Évidemment, nous en sommes encore à tenter de répondre à cette question concernant notre propre espèce et le sujet est à la base de toutes les controverses entourant la part de l'inné et celle de l'acquis. Aussi, peut-on dire dans quelle mesure un chat a été influencé par son premier entourage ; quelles sont les caractéristiques héritées de ses parents et de ses ancêtres et comment celles-ci peuvent aussi être modifiées par les propres expériences du chat ? Un chat est-il craintif parce que ses parents l'étaient, ou parce qu'« il a eu une enfance malheureuse » ? Beaucoup de facteurs contribuent à définir le caractère du chat : sa hardiesse, ses talents de chasseur et, le plus important, son aptitude à être amical d'abord avec son maître, ensuite avec les autres personnes ou les autres chats.

L'hérédité

Est-ce que le caractère amical des parents du chaton se transmet à ce dernier ? Le peu d'études faites sur le sujet concluent que les pères amicaux donnent des chatons amicaux, même si dans ces recherches les chatons n'avaient jamais connu leur géniteur. Ils ont donc hérité de cette qualité et ils ne l'ont pas développée en mettant en œuvre leur sens de l'observation. Sans aucun doute que le tempérament des mères amicales peut entrer en considération : après tout, elles sont le modèle presque exclusif de leurs chatons qui grandissent en observant la chatte et en imitant ses réactions. Dans une expérience où ils devaient pousser un levier pour obtenir de la nourriture, les chatons ayant vu leur mère réussir le test l'ont réussi à leur tour. Ceux qui n'avaient pas vu agir leur mère étaient incapables de résoudre par eux-mêmes le problème. Aussi, si une mère chatte est détendue et communique avec confiance avec les personnes de son entourage, les chatons feront probablement de même. Évidemment, beaucoup de facteurs déterminants se chevauchent quand on soulève la question de l'apport maternel – une chatte naturellement amicale, en plus de transmettre cette aptitude dans ses gènes, aurait plus tendance à nous laisser manipuler ses petits et à les intégrer avec succès dans la famille humaine.

La santé des parents, particulièrement celle de la mère, a un impact non seulement sur la croissance physique des chatons mais sur leur développement psychologique. Une mère sous-alimentée aura beaucoup plus de difficulté à bien éduquer ses chatons. Elle s'investira moins auprès de ses petits et portera moins attention à tous ses autres devoirs de mère, comme celui de transmettre les aptitudes de sociabilité. Les chatons d'une mère sous-alimentée apprennent moins et plus lentement. Ils peuvent se montrer antisociaux envers les autres chats, avoir des réactions anormales de peur et d'agressivité, et montrer des lacunes sur le plan des habiletés physiques – par exemple la maîtrise des techniques d'équilibre. Aux moments cruciaux de la tétée, pour atteindre la source nourricière et avoir accès à une maigre quantité de lait, ils ont dû lutter sans relâche avec leurs frères et leurs sœurs : ainsi, ils n'ont jamais expérimenté la détente ni appris le jeu. L'apprentissage en bas âge est vital pour l'acquisition des qualités sociales et physiques, dont le chat aura besoin toute sa vie durant.

Les types de personnalité

Aux États-Unis, une chercheuse a identifié deux différents types de caractère félin dans les groupes de chatons qu'elle a étudiés. Elle les a répartis en deux catégories : ceux qui réagissent plutôt vigoureusement aux situations, qu'on peut qualifier d'excitables ou de nerveux, et ceux qui affichent une attitude beaucoup plus détendue et calme face à la vie et aux défis de tous les jours. Les éleveurs aimeront peut-être entreprendre leurs propres études sur leurs chatons et voir s'ils parviendront à reconnaître ces deux types de caractère.

Actuellement, les travaux effectués sur la personnalité du chat adulte établissent que l'enfance est à l'origine des deux types distincts. Le premier, que la plupart d'entre nous souhaiterions pour notre animal de compagnie, éprouve un grand besoin de socialiser, autant avec les humains qu'avec les autres chats, et il se détend en leur compagnie. Le second, que nous apprécierions moins, ne semble goûter la compagnie que d'un ou deux membres de sa famille humaine. Il ne communique guère avec les autres personnes, et ne se lie pas avec d'autres chats.

Bien entendu, on préfère le premier type de caractère qu'on tient pour le caractère normal du chat alors qu'on sera déçu des chats du deuxième type, quand on aura constaté leur incapacité à établir des liens. La situation se compliquera davantage lorsque le chat, faisant avorter toutes les tentatives de son maître pour l'amadouer, deviendra encore plus distant. Les chats du second type n'amorcent pas d'eux-mêmes le contact et plus le maître insistera pour cimenter une relation d'échange, plus ils s'éloigneront. Les propriétaires de tels chats vont probablement reconnaître chez eux les manifestations hostiles que nous venons de mentionner et ils seront peut-être soulagés de découvrir qu'ils ne sont aucunement responsables de l'indifférence de leur chat. Ils n'en seront pas moins affectés pour autant. Ainsi, certains refuseront désormais de croire en la possibilité de relations chaleureuses et amicales entre les humains et les chats et ils ne voudront plus jamais en posséder. Ils les placeront tous à la même enseigne : des créatures distantes, indépendantes et ingrates.

On ne sait pas encore très bien si ces deux types de chats sont les mêmes que ceux identifiés par l'étude américaine menée sur les chatons. Qu'est-ce qui, en réalité, fait que les chats adultes sont amicaux ou non ? Serait-ce leur expérience précoce ou le fait qu'ils n'ont pas été suffisamment manipulés dans les premières semaines, si vitales, de leur existence ? Serait-ce plutôt que les caractères sont presque immuables et que les chatons réagissant excessivement demeurent tout simplement tels quels en vieillissant ? Il est clair qu'il faudrait davantage d'études, et pas uniquement sur les chatons, pour observer les chats à chacune des étapes de leur croissance et arriver à définir justement le type de caractère développé au fil du temps. Il serait tentant de crier à l'évidence lorsque nous sommes bien assis dans notre fauteuil. En réalité, la cueillette d'informations visant à définir la normalité du caractère chez le chat s'avère une tâche beaucoup plus ardue et complexe, surtout quand on s'attarde au « comportement normal au sein d'une famille ». D'abord, si on demande aux gens de répondre au questionnaire d'un expert, on obtient toujours un résultat très subjectif. Par ailleurs, l'observateur envoyé sur place ne pourra pas voir le chat à son naturel, sa présence entraînant chez ce dernier une phase de réaction – spécialement si ce chat est du type excitable. Aussi, sommes-nous sans doute bien loin de pouvoir assembler toutes les pièces du casse-tête de la

« personnalité » du chat ; nous devons accumuler les indices à chaque étape selon son évolution et utiliser ce que nous découvrons pour améliorer nos relations avec nos petits amis félins.

En tout état de cause, si votre chat est du type distant et que vous souhaitez réellement avoir un chat amical, il n'y a peut-être pas de solution. Vous n'avez probablement qu'à accepter votre sort, à l'aimer à distance et à vous sentir honoré s'il daigne vous réclamer un câlin. Si vous tentez de modifier sa personnalité en redoublant d'amour et de marques d'encouragement, il s'éloignera davantage de vous et vous éprouverez finalement de la frustration. Pour l'encourager à vous approcher, plutôt que de le poursuivre de vos avances inopportunes, offrez-lui de fréquents petits goûters ; profitez de son faible pour la chaleur et le confort et installez-vous avec lui devant un bon feu de cheminée. (Si vous fermez toutes les autres sources de chaleur, il sera obligé de venir s'asseoir près de vous !) Il pourra effectivement faire de lui-même un geste ; tirez parti de ce moment rêvé pour communiquer avec lui mais n'en faites jamais trop. Dans l'éventualité où vous songeriez à acquérir un autre chat, espérez que le premier, sous l'effet de l'indignation, ne prenne pas la poudre d'escampette et que le nouveau venu appartienne vraiment à la catégorie du type plus sociable. En procédant avec prudence à la sélection, vous arriverez cette fois à trouver un chat ou un chaton « amical ».

Les premières expériences

Les deux premiers mois après la naissance représentent la période cruciale pour initier les rapports sociaux des chatons : ils n'ont pas encore développé des réactions de peur et leur tolérance est plus élevée. Les humains et les autres animaux peuvent alors s'intégrer aisément au groupe. Quand cette connaissance d'une autre espèce a été acquise, souvent le chaton devient réfractaire au changement et perd sa curiosité. Sauter cette étape peut faire en sorte que le chaton montre finalement beaucoup moins d'aptitudes à être sociable en compagnie des chats et des humains. On a établi que la capacité des chats adultes à socialiser avec les personnes est reliée au degré de l'attention reçue par les caresses et les manipulations quand ils étaient petits.

Le fait d'avoir été manipulés tôt dans la vie semble avoir également un rapport avec la nervosité ou la hardiesse du chaton et expliquer au bout du compte toute son attitude face à l'existence. Les observateurs du comportement félin ont découvert que les chatons qui avaient été manipulés régulièrement s'étaient habitués aux humains dans les 45 jours suivant leur naissance. En outre, en présence de nouveaux objets, ils se montraient plus curieux et ils approchaient plus volontiers les gens que ceux qui n'avaient pas bénéficié de contacts satisfaisants. Fait intéressant, les chatons uniques ont fait preuve de moins de nervosité dans des situations étranges; de plus, ils étaient spontanément plus amicaux envers les humains que ceux d'une grande portée. Peut-être ont-ils réussi à compenser l'absence de compagnons au cours de la phase cruciale de nourrisson. De ce fait, leurs efforts pour communiquer avec une autre espèce, la nôtre en l'occurrence, ont abouti d'heureuse manière. La période initiale où les chatons apprennent à réagir et à communiquer avec d'autres espèces que la leur s'appelle « la période sensible de développement » et elle s'avère la plus propice pour que nous y laissions notre empreinte. On se rend compte que les chatons qui ont été manipulés entre l'âge de deux et de sept semaines sont plus amicaux que ceux qui l'ont été avant ou après cette période.

Les chatons gardent-ils ces traits de caractère leur vie durant, et ceux-ci demeurent-ils stables après leur maturité ? Les chatons peureux seront-ils des adultes craintifs et, à l'opposé, les chatons hardis resteront-ils confiants et sûrs d'eux ? Il semble bien que la réponse soit affirmative. La réaction au « stress » d'un chat nerveux dépend de facteurs tant environnementaux que génétiques. Il peut continuer à réagir de façon excessive et ne jamais apprendre à pondérer et à ignorer ce qui se produit d'« inquiétant » dans son quotidien, peu importe si d'autres expériences devaient lui montrer qu'il ne lui sera fait aucun mal. Dans son cas, la manipulation ne semble avoir aucun effet apaisant et ses réactions resteront les mêmes. Cela concorde avec la théorie des deux types de chats – le groupe « excitable » pourra devenir exagérément anxieux et agité devant tout ce qui représente un défi, alors que le type plus posé ne paniquera pas et adoptera une attitude plus débonnaire envers la vie. Donc, à la base, la gentillesse du chat serait d'abord déterminée par des dispositions génétiques. Néanmoins, d'autres facteurs peuvent entrer en ligne de compte. Comme nous l'avons vu, l'association précoce avec les humains peut faire en sorte que le chat sera ce qu'on appelle un bon chat – c'est-à-dire gentil et détendu avec les personnes – pour autant qu'il aura hérité d'un caractère amical. À long terme, certaines expériences finissent par influer sur le développement du chat : ainsi, le fait de manipuler tôt des chatons contribue non seulement à les socialiser, mais il semble accélérer leur développement et les rendre moins peureux.

On peut être tenté de s'attacher un chat en l'élevant soi-même dès les premiers jours. Cependant, et c'est étonnant, les chatons élevés par une personne, ou ceux qui ont été enlevés trop tôt à leur mère, développent souvent des problèmes de comportement et peuvent se montrer amicaux un moment, puis l'instant d'après devenir agressifs avec les gens, même avec leur « mère substitut ». Comparativement aux chatons élevés par leur mère, le plus souvent, ils seront peureux et agressifs avec les autres chats, ils apprendront moins bien ou ne se développeront pas physiquement aussi vite. Ces déficiences ou défauts de comportement relèvent probablement de notre incapacité à leur enseigner « le langage du chat » et à les sevrer sur le plan comportemental comme le fait leur mère. Au moment où nous les sevrons de leur source de lait, faute de moyens à leur portée, nous n'arrivons pas à leur transmettre toutes les ressources nécessaires à la communication entre chats adultes. Leur agressivité vis-à-vis de leur maître humain s'explique plus difficilement, mais, de prime abord, on peut avancer l'hypothèse d'un apprentissage incohérent. En effet, bien que nous les ayons sevrés physiquement du lait, nous ne pouvons pas remplacer leur mère dans le sevrage du comportement. La chatte leur aurait montré à être indépendants et aurait commencé à prendre ses distances tôt après le sevrage. On ne leur aura pas appris comment diriger leur agressivité ou leur excitation félines, ou comment se tenir sur leurs quatre pattes ; il s'ensuivra un sentiment de vulnérabilité les rendant agressifs.

Traumatismes et hormones

Deux autres facteurs peuvent aussi affecter le comportement d'un chat et le rendre radicalement différent de ce que l'on appellerait un chat « normal ». Le premier facteur est relié à des événements importants et traumatisants dans sa vie, tels les accidents, les maladies et les blessures. Ainsi, s'il a déjà fait une mauvaise rencontre avec un chien qui lui a infligé des blessures, le chat aura non seulement peur des chiens, mais aussi d'un tas de choses qu'il ne connaissait pas avant ce fâcheux incident. Du coup, il fera preuve d'un manque total de confiance en sa capacité de fuir, et toute menace subséquente le fera réagir de manière excessive par rapport à une situation donnée. Il pourra retrouver éventuellement un peu de confiance, mais il n'en reste pas moins qu'il continuera à avoir peur des chiens tout le reste de sa vie.

Les chats malades qui reçoivent des soins intensifs vivent parfois d'impressionnants changements de caractère. Après une longue période de soins soutenus, certains, qui étaient peu sociables, deviennent très amicaux et affectueux. Il est possible que leur état de faiblesse les ait forcés à jouer un rôle de chatons qui donnerait la réplique à un humain jouant pour sa part celui de la mère nourricière. Ce repli vers l'enfance leur a permis de réapprendre à se lier avec les humains, à tout le moins avec une personne en particulier. Trop faibles pour obéir à leur instinct de « se battre ou s'enfuir », ils découvrent que ce qu'ils craignaient de la part des humains ne se réalise pas, et que, mieux encore, ceux-ci acceptent de les nourrir et de leur procurer chaleur et compagnie. Peut-être font-ils partie du type originairement amical qui n'a pas eu assez de contacts humains au cours de la période sensible de l'enfance. Capables maintenant de jouir d'une relation étroite avec un humain, ils ne s'en portent que mieux.

Les hormones de reproduction du chat constituent un autre facteur important en ce qui concerne son comportement dit « normal ». On pourra arguer que celles-ci sont aussi du domaine de la normalité, mais la majorité des chats sont castrés et leur répertoire de fonctions reproductrices ne joue pas réellement dans la relation chats-humains. Les éleveurs de chats ne castrent évidemment pas leurs chats, mais ils gardent rarement un de ces chats comme animal de compagnie, car, outre le fait qu'ils arrosent les lieux de leur urine, ces derniers donnent souvent des signes d'agressivité instinctive. Ces comportements indésirables sont déclenchés par les hormones mâles. En outre, les matous non castrés ont tendance à patrouiller un large territoire, à défier d'autres chats et à se blesser dans les batailles qui s'ensuivent. Les abcès causés par les griffures et les morsures sont fréquents dans les bagarres entre matous : il en résulte des factures de vétérinaire plutôt salées. Pour compléter le tableau, soulignons également l'éventualité de fréquentes anesthésies : bien peu de chats sont capables d'accepter un traitement ou de recevoir des points de suture sans anesthésie ou sédation.

Les matous intacts aspergent leur territoire plus généreusement que les chats castrés et leur urine est extrêmement âcre. Ces matous peuvent aussi devenir excessivement excités si on les caresse ou qu'on les brosse, et cette excitation peut se changer en agressivité ou encore provoquer des réactions sexuelles involontaires. Ils peuvent donc essayer d'attraper la main qui les caresse comme si c'était la patte de leur partenaire en chaleur – et ils n'y vont pas de « main morte » ! Aussi, avec eux, les câlins, les jeux et les taquineries physiques peuvent représenter un réel danger.

Pour ces raisons, la plupart des gens font castrer leur matou, particulièrement s'ils désirent vivre en étroite intimité avec lui. Recourir tôt à la castration diminue considérablement chez le chat l'envie de se battre et sa propension à l'arrosage urinaire, qu'il fera encore volontiers, mais généralement en dehors de la maison.

De plus, l'odeur sera nettement moins forte. La castration réduit également les risques d'excitation excessive qui tournent les câlins en réactions agressives. En prime, elle rend le chat plus amical et communicatif, ce qui constitue probablement le plus gros avantage. Enfin, le matou castré est plus tolérant avec les autres chats, se montre plus souple et plus enjoué et veut plus souvent de l'attention. Il dispose aussi de plus de temps pour jouer et communiquer, car il n'est plus guidé par l'envie d'aller chasser et vagabonder. Il arrive que des personnes vivant avec un matou non castré ne connaissent aucun de ces problèmes, mais la majorité d'entre nous ne souhaitons pas risquer de détériorer notre relation avec notre animal ni ne voulons le laisser mettre sa santé en péril dans des bagarres quand il traîne à l'extérieur. La castration est une procédure simple qui ne dure que quelques minutes et le chat sort de l'anesthésie en continuant sa vie comme si rien ne s'était passé.

Bien que la stérilisation des chattes n'affecte pas autant leur caractère, elle permet cependant d'éviter le désagrément des appels sexuels très bruyants. Habituellement, la chatte a des chaleurs deux fois par année, chaque fois pendant quelques jours, et ce, par cycle de trois semaines jusqu'à ce qu'elle tombe enceinte. Durant la période où la chatte est réceptive au mâle, elle tente de faire savoir à chaque matou du voisinage qu'elle est dans les parages. Son appel déchirant est généralement nocturne et les propriétaires de chats, de siamois entre autres, dont l'organe vocal est le plus performant, doivent recourir aux boules Quiès dans les oreilles ou disposer d'un système d'insonorisation efficace s'ils veulent dormir. Cela suffit souvent pour convaincre le maître qu'il ne veut vraiment pas d'une portée de chatons et pour que l'opération lui apparaisse comme étant une excellente idée. Comme la castration, l'ablation de l'utérus et des ovaires est une opération qui s'effectue rapidement sous anesthésie. La petite incision ne requiert qu'un ou deux points de suture qui peuvent se dissoudre d'eux-mêmes ou être retirés une semaine plus tard.

En ce qui concerne leur relation avec nous, il semble y avoir peu de différence entre les sexes. Parce que nous les faisons opérer alors qu'ils sont jeunes, les chats ne développent pas le potentiel extrême de leur comportement comme ce serait le cas s'ils demeuraient intacts, mais là encore, il semble y avoir une différence moins marquée entre les sexes que chez les chiens, par exemple. Même quand ils sont opérés, les chiens présentent une grande différence en ce qui concerne les caractéristiques mâles ou femelles. On le voit à leur manière d'interagir avec leur maître. Aussi, autant je recommanderais à une famille avec des enfants qui désire un chien accommodant d'opter pour une femelle, autant il n'y a pas lieu de peser le pour et le contre quand vient le temps de choisir entre un chat ou une chatte, si tous deux sont opérés.

Les caractéristiques raciales

Nous avons évoqué les dispositions génétiques – l'aptitude des chats, héritée de leurs parents, à être amicaux avec les humains et leurs semblables, et le fait que les scientifiques poussent leurs recherches à propos du mécanisme des caractères dont héritent nos chats. Mais là où il ressort de façon stupéfiante jusqu'à quel point l'introduction de certains gènes produit des types différents, c'est lorsque l'on regarde la variété d'apparences physiques des différentes races. Les variations sont évidentes – de la forme du corps et de la tête à la longueur du poil et la couleur de la robe. Les races sont maintenues tout simplement par l'accouplement de chats ayant certaines caractéristiques avec d'autres chats semblables ou en introduisant des changements, mais de manière très raisonnée. Ainsi, il y a de bonnes chances qu'en utilisant cette méthode de sélection dans l'accouplement, les dispositions pour certains comportements soient transmises à la génération suivante en même temps que les caractéristiques physiques.

Certaines races sont apparues naturellement dans des contrées géographiquement isolées alors que d'autres sont nées de « mains d'homme », via la manipulation des reproductions subséquentes aux races originales, ou en utilisant des mutations secondaires pour développer de nouveaux types. Par exemple, on a développé le siamois et l'angora en les isolant des autres groupes pour former la souche des chats que l'on connaît aujourd'hui, mais nous avons introduit des modifications supplémentaires à travers l'élevage sélectif afin de produire des variétés de couleurs et des changements morphologiques. On a obtenu par croisement de nouvelles races. À titre d'exemple, le somali a été obtenu en introduisant le gène du poil long dans l'abyssin.

Le mainecoon et le chat des forêts norvégiennes sont les résultats naturels d'un mélange de chats qui, par divers moyens, ont atteint la Norvège et la côte est des États-Unis. Le mainecoon a été appelé ainsi parce que les premiers colons le croyaient issu d'un croisement du chat et du raton laveur.

D'autres races ont été développées par l'élevage d'un ou deux chatons nés au moment des mutations naturelles. Par exemple, le rex, le devon et le rex de Cornouailles au pelage court et ondulé, le munchkin, bas sur pattes, et le sphinx sans poil. Ce dernier n'a certainement pas toujours la vie facile: de toute évidence il est vulnérable au froid. Par ailleurs, que peut-il faire, lui, quand les autres chats passent le tiers de leur temps éveillé à se laver? A-t-il conservé l'instinct naturel de se toiletter? Que fait-il quand il a besoin de le faire pour se relaxer – en est-il réduit à se lécher la peau? Comme il n'a pas de moustache, on peut conclure qu'il est privé d'un sens majeur, car la moustache aide le chat à « voir » et à sentir son environnement. Certaines personnes ont même essayé de fabriquer un chat miniature, mais leurs tentatives sont restées jusqu'à maintenant sans succès. Devrions-nous faire de l'élevage uniquement pour le plaisir de créer de nouveaux types de chats? Il y a sûrement déjà assez de possibilités de couleurs et personnalités diverses pour ne pas devoir sacrifier la santé et le bien-être de ces animaux simplement dans le seul but d'obtenir de nouvelles teintes et de nouvelles formes.

Par ailleurs, les comportements reliés à la race sont un élément essentiel pour qui veut faire un choix éclairé. À l'instar des chiens, existe-t-il des différences marquées entre chacune des races félines? Pour y répondre, il faut, en premier lieu, souligner l'origine de notre association avec les chiens. On a commencé à les élever pour qu'ils remplissent auprès de nous des rôles définis: nous protéger, garder les moutons, et nous donner en guise de distraction le spectacle de leurs courses et de leurs batailles. Avec le temps, on a misé sur leur caractère généralement amical avec les humains et on les a sélectionnés pour en faire des compagnons. De toute évidence, les chiens s'intègrent très bien dans la société humaine, probablement parce que nous avons une organisation sociale très semblable à la leur et qu'ils se sentent donc chez eux dans notre « meute », ne rechignant pas trop sur le fait d'être généralement relégués au dernier rang. Les chats, de leur côté, sont des chasseurs solitaires; bien qu'ils puissent vivre en groupe, ils n'ont pas une structure hiérarchique aussi rigoureuse. Ils ont vécu avec l'homme pendant des milliers d'années en suivant leurs propres règles et sans qu'on exige d'eux qu'ils accomplissent des tâches spécifiques. En revanche, les chats d'autrefois vivant d'expédients autour de la ferme ont tôt fait de flairer la sécurisante possibilité de quelques gouttes de lait ou de restes de viande. S'étant habitués à leur présence, les humains ont entrepris de les choisir (du moment que l'on puisse imposer un choix à un chat) en fonction de leur habileté à protéger les entrepôts de grains et de nourriture de la vermine. En termes de sélection naturelle, dans de telles circonstances, les chatons nés de mères excellentes à la chasse étaient les plus recherchés. De nos jours, les chats n'ont pas besoin d'être de bons chasseurs pour survivre, et la plupart des maîtres préfèrent qu'il en soit ainsi – ou, à la limite, qu'ils soient si incompétents en cette matière qu'ils n'attrapent rien.

Jusqu'à ce jour, on compte peu d'études scientifiques portant sur les caractéristiques comportementales reliées à la race, mais les éleveurs et les personnes qui ont des chats ont remarqué certaines tendances particulières à une race ou à une autre, et dont quelques-unes paraissent très évidentes. Nous devons nous rappeler que l'éventail de traits caractéristiques individuels au sein de n'importe quel groupe de chats est très large et qu'en dépit de nos généralisations à propos d'une race, il se peut qu'un individu quelconque s'avère dans les faits complètement différent des autres.

L'acheteur potentiel d'un chat à poil long (du type persan) sait que le toilettage est vital et que ces chats sont habituellement calmes et accommodants, ce qui permet à leur maître de les brosser quotidiennement. Qu'est-ce donc qui est venu en premier, le toilettage ou la docilité? On peut présumer que seuls les chats dociles ont été accouplés. Les autres, ne tolérant pas une telle manipulation, se promenaient le poil en désordre tandis que leurs maîtres, à force d'essayer de les brosser, avaient finalement renoncé avant de finir déchiquetés. Encore qu'un persan réticent ne soit pas toujours un cas rare!

De toutes les races, ce sont les orientaux, les siamois, les chats de Birmanie et les autres types de cette race, au pelage *colourpoint* et à la robe aux couleurs variées qui présentent les différences de comportement les plus évidentes. Le siamois a la réputation d'être extraverti, bavard, exigeant, affectueux et fidèle – traits généraux que reconnaîtront d'emblée les propriétaires de siamois. On dit du chat de Birmanie qu'il aime la compagnie des humains et qu'il est très affectueux, bien qu'il exige une attention continuelle. L'abyssin a la réputation d'être timide et d'avoir peur des étrangers, et le somali (abyssin à poil long) est décrit comme étant timide et ayant bon caractère. Voici quelques brèves descriptions de caractères propres à certaines races: le turc van – vif et plein d'entrain; le ragdoll – tolérant; l'angora turc – amical et aimant s'amuser; le bleu russe – timide et calme; le tonkinois – ultra-affectueux; le rex – enjoué; le korat – une nature douce; le balinais – comme le siamois, mais un peu plus tranquille. Ce n'est pas sûr que l'on puisse résumer une race par un ou deux qualificatifs, mais c'est déjà un début!

Les chats britanniques à poil court, incluant le bon vieux chat de gouttière, ont souvent un caractère assorti à leur couleur. Cette association n'est pas aussi étrange qu'il y paraît, car certaines couleurs de la robe du chat semblent de fait se fondre à leur comportement.

La seule mention de la tête rousse ou du jaune rougeâtre des chevaux alezans n'évoque-t-elle pas ainsi un tempérament fougueux? Même si les chats roux sont reconnus comme étant calmes et affables, il est facile de croire que le facteur tête rousse refait surface aussitôt qu'on les provoque. Seulement 10 % des chats roux sont des femelles, et les mâles à écaille-de-tortue sont très rares. On dit que le chat noir est calme mais difficile à entraîner.

Plusieurs sondages ont été effectués récemment pour tenter de colliger plus d'informations sur les comportements félins relatifs à chaque race. Bruce Fogle, l'auteur de *The Cat's Mind* (Dans la tête du chat !), a demandé à 1000 vétérinaires de différencier et de classifier 6 différentes races ou groupes de races – siamois, chats de Birmanie, longhairs, somalis, abyssins, shorthairs et une espèce de chats tigrés – en 10 traits distincts de personnalité. Le magazine *Cat World* a demandé à ses lecteurs possédant des chats de remplir un questionnaire similaire. Les deux enquêtes, appuyées par quantité de témoignages anecdotiques, arrivent aux mêmes conclusions. Voici ce qu'ils ont trouvé.

Le siamois, le chat de Birmanie, l'abyssin et le foreign shorthair réclament plus d'attention que les chats britanniques à poil court et à poil long. Les chats de Birmanie se révélaient être toujours au centre de l'activité et les siamois, pas loin derrière. À une question portant sur la confiance, là encore, le siamois et le chat de Birmanie arrivaient en tête. Tous les types ont été décrits comme étant affectueux mais le type à poil long était moins communicatif avec ses maîtres. Le siamois, le chat de Birmanie et l'abyssin ont aussi fait excellente figure en ce qui concerne l'activité, la communication vocale et l'aptitude à initier les contacts. Le siamois a été qualifié d'enjoué mais plus destructeur que les autres. Le persan ou les types à poil long sont arrivés bons derniers en ce qui a trait à l'expression vocale, à l'enthousiasme au jeu et à l'excitabilité, mais ils ont fait excellente figure au chapitre de la souplesse et de la maniabilité. Les shorthairs domestiques ou chats de gouttière sont arrivés en tête pour ce qui est de la gentillesse avec les autres chats. Quand on a demandé aux gens si leur chat vivait bien d'être laissé seul, leur réponse a semblé confirmer que le chat domestique à poil court est celui qui s'accommode le mieux de cette situation. Le chat de Birmanie a obtenu un mauvais résultat sur cette question, ce qui suppose chez lui une forte dépendance à la compagnie humaine. Quant au somali et à l'abyssin, ils se sont révélés les plus distants et les moins dépendants de l'homme.

Les chats de Birmanie détrônent carrément les autres races par la force de leur caractère. L'avis des propriétaires ayant participé à l'enquête du *Cat World* est concluant. Ils résument bien la race féline: « supérieurement intelligents et très loyaux », ils sont intrépides et adorent les gens. Ils ont aussi tendance à exiger beaucoup d'attention, détestant être ignorés ou laissés en dehors de l'action. Un des participants au sondage affirme: « Ce sont de merveilleux compagnons, ils sont simplement comme des enfants heureux. » Je dois préciser qu'en ce qui concerne les problèmes reliés au comportement, au moins un chat de Birmanie est impliqué dans des manifestations d'agressivité envers les autres chats. Quand un caractère extrêmement fort se transforme en despote, il devient la terreur des autres chats dans la maison, voire dans la rue. On en a connu un ou deux qui sont entrés par effraction dans les maisons, ont mangé la nourriture du chat résidant et aspergé les lieux de leur urine avant de battre l'occupant félin ! Bien sûr, ce sont là des exemples extrêmes et très rares, mais il serait inhabituel d'entendre qu'un persan ait agi de la sorte. Par contre, s'il se produit un problème en ce qui concerne l'utilisation de la litière, le persan devient le premier suspect – une découverte révélée par une des études sur la propreté des chats domestiques. Toutes les races s'en sont sorties honorablement sauf le persan, qui est arrivé bon dernier. Cependant, tout en soulignant la grande beauté du persan, on a dit de lui qu'il est gentil, poli, détendu, langoureux, calme et doux de nature. Cette forme de personnalité peut convenir davantage à certaines personnes qui vont la préférer malgré tout à celle, très exigeante, des chats orientaux.

À partir de cette banque d'informations cherchant à comparer les races populaires, nous pouvons maintenant avancer quelques généralités qui tiennent compte des caractéristiques notées par l'expérience de propriétaires de chats. Ainsi, dans une certaine mesure, celui qui veut choisir un chat pourra le faire un peu plus en connaissance de cause. Cependant, ce choix est beaucoup plus difficile à faire quand il s'agit de races populaires ou nouvelles. Avec celles-là, il vaut mieux consulter l'éleveur et essayer de découvrir si ces races particulières possèdent ou non les caractéristiques qui nous intéressent.

Les éleveurs ont réussi à créer une race nouvelle, le bengal, qui s'avère un animal de compagnie tout à fait amical en dépit de son apparence sauvage. Ce spécimen est issu d'un croisement avec un vrai chat sauvage – le chat léopard. Les inquiétudes concernant la docilité de cette race semblent maintenant dissipées et les autorités du Royaume-Uni l'ont finalement reconnue. Cependant, le *Governing Council of the Cat Fancy* (GCCF), principal organisme autorisé à agréer les races dans ce pays, a déclaré qu'il n'approuvera plus que des croisements entre des chats domestiques – *Felis catus.* En conséquence, aucune race provenant d'un croisement avec une espèce sauvage ne sera reconnue. Cette mesure devrait empêcher qu'on procède à l'aveuglette à des croisements erratiques pouvant être lourds de conséquence. À l'heure actuelle, nous disposons d'un choix plus que suffisant de belles formes et de belles couleurs de chats, et il est possible d'imaginer encore des possibilités nouvelles à partir de races déjà existantes. Laissons donc les félins sauvages en dehors de tout ça, et tenons-nous-en à préserver leur habitat naturel.

Chats d'intérieur et chats d'extérieur

L'aspect sauvage de la personnalité de nos chats est celui qui est le moins connu. Dans la maison, il peut être un adorable minou gentil comme un chaton, mais une fois dehors, dans le jardin, il devient un véritable expert des services secrets : il traque sa proie, bondit pour s'en emparer et la tue en silence sans le moindre remords. Les griffes qui vous caressent en vous tirant doucement du sommeil le matin deviennent du coup des armes coupantes et mortelles pour n'importe quelle petite proie. Tous ses sens en alerte, les pupilles agrandies, les oreilles dressées, les muscles bandés pour passer à l'action, le chat chasseur nous est parfaitement étranger. Il est bien loin du gentil félin que l'on côtoie dans la maison.

Nous entrevoyons une parcelle de cet univers quand le chat commence à jouer ou à se chamailler avec un compagnon, mais (heureusement !) il ne nous arrive que très rarement de mesurer la force et la puissance prodigieuse de ses griffes et de ses dents. Si d'aventure un tel incident devait se produire, nous ne serions cependant pas près de l'oublier. Un exemple d'agressivité dirigée contre les maîtres met en cause Bomber, un magnifique chat tigré du sud de l'Angleterre, qui vivait à l'intérieur la plupart du temps en compagnie de sa propriétaire. Il avait l'habitude de s'asseoir près de la fenêtre pour regarder la vie du dehors et quand il repérait un rival dans le jardin, il devenait très excité. Il attaquait alors la première chose qui bougeait près de lui ; plus souvent qu'autrement, c'était sa maîtresse. La pauvre dame a fini par se retrouver à l'hôpital quand les profondes morsures couvrant ses hanches et ses jambes se furent infectées. Forte de cette expérience, elle a convenu de laisser sortir le chat beaucoup plus souvent à l'extérieur pour qu'il puisse donner libre cours à tous les aspects de sa personnalité. Subséquemment, sa nature sauvage ne vint plus gâter ses relations à la maison.

Nous oublions que nos chats ne sont que des versions miniatures de lions et de tigres, ces gros chats que l'on considère comme « sauvages » et qu'on redoute avec raison. Heureusement pour nous, notre petit compagnon réussit à modifier son comportement avec nous, de sorte que nous pouvons vivre en toute confiance avec lui. Peter Neville, un spécialiste en comportement du chat, traite justement de ce sujet dans son livre intitulé *Claws and Purrs* (Griffes et ronronnements). Il décrit minutieusement les deux côtés de la personnalité du chat et nous invite à considérer les avantages de ses aspects plus sauvages. Il nous rappelle que « l'animal de compagnie » peut survivre dans presque tous les types d'environnement et qu'il est capable de s'adapter dans des conditions lui étant défavorables en mettant à profit son intelligence et ses talents, non seulement pour chasser, mais aussi pour fouiller et s'intégrer à la société humaine.

Il est presque impossible de rencontrer un chat dépourvu d'instincts sauvages puisque ces derniers sont dans tous les cas innés. Cependant, certains chats sont des chasseurs plus enthousiastes et plus compétents que d'autres. Souvent une mère qui excelle à la chasse donnera naissance à de bons chasseurs. Certes, il y a à cela des raisons génétiques, mais invariablement, la mère tâche de transmettre ses habiletés à ses petits qui s'éduquent en l'observant. Les chatons d'une mère incompétente à la chasse peuvent éventuellement apprendre par eux-mêmes, mais ils le font rarement.

Choisir le chat qui vous convient

Comment toutes ces recherches et ces connaissances peuvent-elles guider l'acheteur potentiel ayant le choix entre un chat de gouttière et un chat de race? Nous savons maintenant qu'il faut d'abord privilégier le chaton qui a manifestement un caractère amical. De plus, pour qu'il développe ses habiletés durant la période la plus cruciale de son jeune âge, il faut le prendre dans ses bras et le manipuler très souvent. Ensuite, nous pourrons consolider la relation par le truchement de la nourriture offerte tout en n'oubliant pas de lui prodiguer des marques d'amour. Enfin, il faut garder à l'esprit toutes les notions relatives à son comportement naturel pour faciliter le plus possible la communication.

Les éleveurs de chats peuvent maximiser les chances d'offrir aux acheteurs des chatons dotés d'un bon caractère en écartant d'emblée les chats nerveux ou agressifs de leurs lignées d'élevage. En Grande-Bretagne, si les chatons sont de race, les éleveurs les gardent habituellement jusqu'à douze semaines selon les recommandations de l'organisme qui réglemente l'élevage des chats de race ou destinés aux expositions en Grande-Bretagne. Cependant, si vous faites le choix d'un chat de gouttière, il vous est tout à fait possible de le prendre chez vous à partir de l'âge de six ou sept semaines. Il y a peu de danger, à condition que vous voyiez à ce que le chaton n'entre pas en contact avec d'autres chats non vaccinés et que vous ne le laissiez pas sortir avant qu'il ait lui-même ses vaccins. Les behavioristes affirment que les chatons devraient trouver un foyer le plus tôt possible après le sevrage – à environ sept semaines – afin que le nouveau maître ait rapidement l'occasion d'établir des liens avec lui pendant le summum de sa période d'apprentissage. Les éleveurs de chats de race devraient s'assurer que les chatons soient fréquemment manipulés et exposés à tous les types d'expériences avec les gens, les chiens et leurs semblables. Leur travail est délicat : tout en faisant de leur mieux pour présenter aux acheteurs des bêtes amicales, non agressives et ouvertes à leur entourage, ils disposent de bien peu de moyens pour se prémunir véritablement contre les dangers d'infections.

Avant de choisir un chaton, vous devez décider quel type de chat vous avez en tête. Voulez-vous un chat qui pourra s'accommoder de passer beaucoup de temps seul, qui pourra vivre de façon très autonome et se contenter d'apparaître chez vous de temps à autre ? Ou voulez-vous un chat plus communicatif qui va rechercher votre compagnie et celle d'autres chats ?

Vous devez décider si vous voulez un chat de race ou un chat de gouttière, et aussi combien de temps vous êtes disposé à consacrer à son entretien physique. Le toilettage des persans en exige beaucoup, sur une base quotidienne. Bien des gens sont attirés par les types orientaux mais sont vite rebutés par l'attention qu'ils requièrent.

D'autres ont peur qu'ils s'ennuient et s'inquiètent des traumatismes éventuels s'ils devaient les laisser seuls à la maison à longueur de jour ou les garder de façon permanente à l'intérieur. Si vous voulez tout bonnement un chat qui s'intègre sans chichi à la vie familiale, alors misez sur un chat de gouttière. L'offre étant grande dans cette catégorie, il vous sera facile d'en prendre un plutôt jeune qui sera davantage capable de s'intégrer au brouhaha de votre maisonnée et de s'adapter à toutes les phases de son évolution.

Avoir deux chatons se révèle souvent une bonne idée. D'abord parce que les deux chats se tiendront compagnie, particulièrement lors de vos absences. Comme bien des propriétaires de chats, nous avons vécu un dilemme particulier quand, après avoir décidé de la race qui nous intéressait, en l'occurrence, un siamois, nous nous sommes mis à hésiter sur le nombre. Allions-nous en prendre un seul qui s'attacherait plus étroitement à nous, ou était-ce préférable d'en avoir deux qui se réconforteraient mutuellement ? Auquel cas, allaient-ils préférablement créer des liens entre eux plutôt qu'avec nous ? Finalement, nous avons décidé d'en prendre deux et nous n'avons pas regretté notre décision. Je suis très heureuse de les savoir ensemble, surtout quand nous avons encore moins de temps pour les fréquents câlins et les jeux, et je n'ai pas à me sentir coupable à l'idée que le chat pourrait manquer d'attention. Les deux chatons se sont tenu étroitement compagnie pendant le premier mois, puis ils ont commencé à communiquer avec Figaro, notre chat de gouttière, quand ce dernier a consenti à descendre de son piédestal, décidant de les aimer après tout. Ils jouent ensemble mais, quand ils en ont la chance, ou si nous les appelons, ils aiment le faire aussi avec nous ou ils s'enroulent sur nos genoux repus de contentement, appréciant alors notre compagnie – c'est le meilleur des deux mondes pour tous. Assurément, le chat vit mal que vous le laissiez confiné seul à l'intérieur pendant que vous êtes au travail. La présence d'un deuxième chat pourrait contourner ce problème et vous déculpabiliser.

Quand vient le temps de choisir votre chaton, la santé est de toute évidence une priorité. Assurez-vous qu'il a les yeux clairs et brillants, une robe et un corps sains (vérifiez le dessous de la queue si vous voyez des symptômes de problèmes digestifs). Il peut s'avérer très difficile, dans l'excitation du moment, d'arriver à déceler des traits de personnalité. Souvent, l'apparence d'un animal nous séduit d'emblée ; par contre, il serait sage d'aller plus loin que votre coup de cœur et de prendre le temps de communiquer avec les autres chats de l'endroit, puis de questionner l'éleveur à leur sujet. Aussi, essayez de savoir dans quelle mesure on les a manipulés et s'ils ont rencontré d'autres animaux. Si vous voulez un chat calme qui aime les gens, prenez-en un qui n'est pas dérangé par la présence des étrangers dans la pièce, ou un qui vient vers vous naturellement pour vous flairer. Évitez celui qui se tapit dans un coin, parce qu'il peut être d'un type plus nerveux, qui ne deviendra jamais sociable en dépit de tous vos efforts. Ce conseil peut vous sembler dur, mais il peut en fin de compte vous faire renoncer à un chat très nerveux qui ne vous apportera pas de plaisir. En gardant en tête le sens des réalités félines, vous choisirez un chat amical, qui ne réagira pas avec excès, comme dans les cas évoqués précédemment, qui prendra plaisir à tous les aspects d'une relation affectueuse et qui affrontera la vie avec confiance. Souvenez-vous que le chat que vous seriez tenté de choisir en quelques minutes a une espérance de vie de vingt ans !

Dès que vous arrivez à la maison, offrez-lui chaleur et sécurité. Essayez de trouver le juste milieu entre vous en occuper trop et l'abandonner à lui-même. Continuez à lui donner la même sorte de nourriture et le même genre de litière qu'il avait chez l'éleveur, jusqu'à ce qu'il se sente tout à fait chez lui. Avec le temps, si vous le souhaitez, vous pourrez changer petit à petit. Gardez le chaton dans une seule pièce au début (ou utilisez la cage, le temps qu'il fasse connaissance avec les autres animaux de la maison, tel que décrit au chapitre 7 sous la section « Les Présentations ») et laissez-le s'acclimater graduellement avant de lui permettre d'aller en liberté dans la maison. Très tôt, normalement en un jour ou deux, il deviendra confiant et commencera à explorer toutes les pièces et à trouver son chemin.

Rien ne garantit évidemment que le chat s'avérera exactement celui que vous espériez, mais il y a toutes les chances que son charme opère et qu'il gagne inconditionnellement votre cœur.

Astuces : développez la personnalité de votre chat

Maintenant que nous connaissons le potentiel de notre chat, nous devons nous rappeler les moyens d'obtenir le meilleur de lui, de stimuler son développement et de voir au plein épanouissement de sa personnalité.

- Décidez de la race (si vous voulez un chat avec pedigree) d'après les traits de caractère et l'apparence associés à celle-ci.
- Allez dans une maison où la chatte et ses chatons vivent au sein d'une famille, ce qui leur donne l'occasion d'être en contact avec des gens, des chiens ou d'autres chats, de recevoir des caresses et enfin, d'être pris souvent.

- Choisissez des chatons nés de parents confiants, amicaux et en bonne santé.
- Songez à la possibilité de prendre deux chatons plutôt qu'un seul.
- Choisissez un chaton actif, sociable, calme et gentil.
- Entourez votre nouveau chaton de beaucoup d'amour et d'attention et offrez-lui l'occasion de faire de nouvelles expériences.
- Utilisez la chaleur et la nourriture pour encourager un chat à être plus communicatif.
- Ne poursuivez pas un chat de vos avances et ne faites pas pression sur lui – il ne fera que s'éloigner davantage.

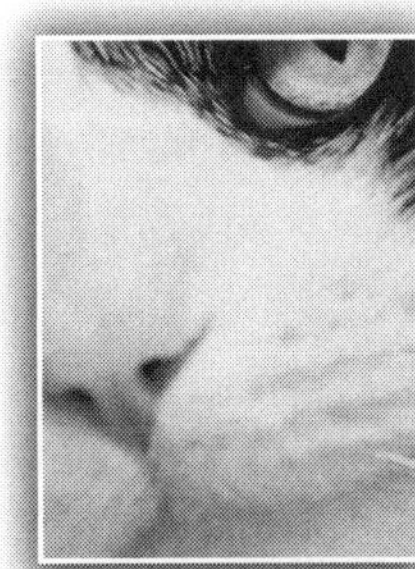

Chapitre 6

Intelligence et entraînement

Que dire sur l'intelligence des chats ? Est-elle supérieure à celle des chiens en raison de leur plus grande autonomie, quand il le faut, ou devrait-on la considérer moindre du fait qu'ils ne nous obéissent pas ? Pour répondre à ces questions, nous devons d'abord pouvoir définir ce qu'est l'intelligence. Est-ce la somme totale des capacités intellectuelles ou des connaissances, ou plutôt l'aptitude à apprendre de nouvelles notions, à faire des associations entre actions et résultats, ou à pouvoir distinguer une chose d'une autre ? L'intelligence pourrait se mesurer par la capacité de s'adapter à différentes circonstances et de les tourner à son avantage. C'est déjà une question complexe quand il s'agit des humains, mais qu'en est-il de l'« intellect » des animaux ?

L'habileté et la « bonne volonté » que manifestent les chiens lors de leur entraînement sont souvent des instruments de mesure pour évaluer leur intelligence. Ceux qui réagissent rapidement à nos ordres et ceux que nous avons entraînés dans le but de nous servir et de répondre à nos besoins sont classés à nos yeux comme intelligents. Par exemple, les chiens guides des aveugles ou les chiens renifleurs qui doivent dépister de la drogue ou des criminels. On oublie que ceux que nous considérons lents à l'apprentissage le sont peut-être simplement parce qu'ils manquent de motivation pour exécuter ce qu'on leur demande. Les chiens de chasse, tels les beagles et les bassets, peuvent se montrer extrêmement brillants lorsqu'ils se lancent sur la piste d'un renard ayant couru depuis des heures par monts et par vaux. Mais, chose curieuse, les entraîner à venir vers vous quand vous les appelez est presque impossible – bien que ce soit la chose la plus simple à enseigner à la plupart des chiens.

Qu'en est-il alors du chat ? Historiquement, notre relation avec eux n'a jamais impliqué des rapports directs de travail et de coopération comme ce fut le cas avec les chiens. Bien que les chats soient utiles pour nous débarrasser de la vermine, on ne les a jamais entraînés à chasser ; ils étaient là et on a laissé leur comportement naturel travailler pour nous. Aussi, il serait difficile de classer les chats par catégories comme on l'a fait avec les chiens. Certes, beaucoup de gens vous mentionneront ces « super-chats » qui peuvent ouvrir des portes, apporter vos pantoufles, obéir aux commandements et agir en général comme s'ils communiquaient directement avec leur maître ou encore, comme s'ils pouvaient penser de façon autonome. Peut-être y a-t-il lieu de définir l'intelligence comme étant la capacité de communiquer, non seulement avec sa propre espèce, mais aussi avec une autre (comme l'homme), ce dont le chat est certainement capable. Et si la taille du cerveau a quelque chose à voir avec l'intelligence, alors le chat supporte la comparaison avec les primates et les dauphins, parce que son cerveau, toute proportion faite avec son corps, est, à l'exception de ces deux derniers, le plus gros de tous les mammifères.

Mesurer l'« intelligence »

Comment pouvons-nous mesurer l'intelligence du chat autrement qu'en accumulant les informations anecdotiques sur ce que certains d'entre eux ont fait ou n'ont pas fait ? Pour y arriver, nous devons élaborer des tests qui pourraient nous révéler comment fonctionne précisément sa « pensée ». À l'aide de ceux-ci, il est possible, jusqu'à un certain point, de comparer différents animaux mais là encore, un problème se pose. Un test de dextérité, par exemple, pourrait très bien convenir à un singe – qui aurait déjà naturellement dans son répertoire ce qu'il faut pour y répondre – mais serait moins approprié pour un chat ou un chien qui n'a jamais eu à accomplir une telle tâche auparavant. En conséquence, le chat ou le chien sembleront plus lents à comprendre ce qui leur est demandé. En fait, puisque le processus de « pensée » de l'animal doit être mesuré en fonction de l'ingéniosité pour réussir, le test accordera au chat ou au chien une capacité supérieure à celle du singe. En conclusion, un test mal conçu peut en réalité mener à une conclusion erronée. Tout l'exercice se heurte à des « si » et à des « mais ».

On n'aurait jamais idée de comparer les compétences d'un charpentier avec celles d'un programmeur informatique. Chacun a des aptitudes particulières qui ne sont pas directement comparables ni même mesurables, et en aucune façon, on ne saurait démontrer que l'un est meilleur que l'autre.

On a découvert que des chats avaient été capables de faire l'apprentissage d'une séquence ou d'un enchaînement de mouvements pour s'échapper d'un endroit où ils avaient été confinés. Par la suite, ils s'étaient servis de ce qu'ils avaient « appris » pour se sortir de situations analogues – nous dirions que cette capacité fait la démonstration de leur « intelligence ».

Lors d'une autre expérience, un chat ou un chien devaient utiliser leur mémoire pour choisir la boîte sur laquelle une lumière s'était allumée avant qu'on leur donne une récompense. Les chercheurs ont découvert que les chiens étaient capables de reconnaître la boîte qui s'était allumée jusqu'à environ cinq minutes après que celle-ci se fut éteinte. Les chats, par ailleurs, pouvaient se diriger vers ladite boîte seize heures plus tard – une aptitude à se souvenir qui les classe meilleurs même que les singes ou les orangs-outans. Si les chats peuvent développer des concepts, comme cela semble le cas avec la boîte et la lumière, ils peuvent posséder les éléments clés d'une réelle capacité intellectuelle. Faire le lien entre la lumière et la récompense ou trouver son chemin dans un labyrinthe ou à travers une série d'obstacles sont des exemples de ce que les scientifiques appellent l'apprentissage par tâtonnements. Le chat apprend à réussir certains types ou séquences de comportement, dont la récompense est de trouver la solution, comme lorsqu'il est enfermé, ou un bénéfice concret comme la petite gâterie attendue. Parce que son comportement a été récompensé, et que la gâterie est arrivée assez rapidement pour qu'il fasse le lien avec lui, et non pas avec quelque chose qui se serait produit entre-temps, le chat apprend à associer les deux actions. Au besoin, il sera probablement plus enclin à répéter le même comportement.

Nous sommes tous familiers avec l'expérience de Pavlov, qui met en scène des chiens salivant aussitôt qu'une cloche sonne. Ils représentent l'exemple classique de ce qui s'appelle le conditionnement, soit l'association entre un événement qui se produit et l'occurrence probable d'un autre. Dans le cadre de son expérience, Pavlov faisait sonner une cloche juste avant de souffler une nourriture en poudre dans la gueule des chiens et, par la suite, les chiens salivaient au seul son de la cloche, anticipant la gratification à venir. Nos chats agissent exactement de même quand ils surgissent, tel un éclair, de nulle part en entendant le son de la porte de l'armoire où on garde leur nourriture, ou le bruit de leur plat déposé sur le plancher. Quant à nous, il nous arrive aussi d'associer des sons, des voix ou des musiques à des événements passés qui peuvent remonter à vingt ou trente ans auparavant. On peut s'étonner que ce soit notre odorat, bien pauvre en comparaison de celui des animaux, qui crée les associations les plus intenses de temps et de lieu. Il n'y a pas de doute que les chats, grâce à leur odorat si fin et à leur excellente mémoire, peuvent reconnaître et associer les odeurs et les choses qui se passent. Pas étonnant que la liste des choses reliées à une expérience déplaisante soit longue dans leur cas.

Ces réflexes conditionnés sont essentiels à la survie des animaux qui apprennent ce qui est dangereux, ce qui risque de les blesser et ce qui annonce une expérience plaisante potentielle. Une fois qu'ils ont établi un lien avec certains sons, odeurs ou images, leur réaction restera la même, à moins qu'elle ne soit renforcée ou qu'elle devienne associée à quelque chose d'autre. Ainsi, si l'on place la nourriture du chat dans une autre armoire, dont la porte fait un bruit différent, il va cesser d'accourir chaque fois que l'on ouvre la première, et commencera à associer à son rituel de repas le bruit de la nouvelle porte d'armoire. Petit à petit, au fil de leur évolution, les animaux se familiarisent avec les éléments de leur univers, distinguent ceux qui ne sont pas menaçants et ne réagissent plus aussi intensément qu'à l'époque où ils devaient découvrir les sources potentielles de danger. Donc, à mesure que le chat prend de l'expérience, ses réactions ne sont pas aussi dramatiques, et il rapporte moins souvent du jardin une panoplie d'objets « nouveaux » et excitants qui exigeaient de notre part une inspection diligente du temps qu'il était un chaton enjoué.

Si l'intelligence se définit par la capacité d'adaptation, alors le chat est vraiment le champion. Il appartient à une espèce qui peut apprendre à survivre dans n'importe quel type d'environnement – le désert, la jungle ou l'Arctique, avec ou sans l'aide des humains. En observant leur style de vie, nous pouvons constater à quel point les chats savent s'adapter rapidement – selon leur bon vouloir ou leur instinct de survie. En outre, ils sont hautement polyvalents et semblent apprendre rapidement de leurs expériences. Nous savons que les chatons apprennent par l'exemple. Nous avons vu précédemment comment certains d'entre eux étaient devenus habiles à pousser un levier pour obtenir leur nourriture après avoir simplement observé leur mère en faire autant. Leurs apprentissages se font très rapidement et par association. La cage ou le panier pour le transporter sont invariablement associés à l'inévitable et désagréable visite chez le vétérinaire et à la non moins désagréable injection. Même si on ne s'en sert qu'une fois l'an, le chat disparaît dès qu'il la voit. La bombe aérosol antipuces ne signifie rien de moins que l'assaut imminent de ce « cracheur d'odeur infecte », une autre de ces choses désagréables que le chat veut éviter à tout prix. Flirt me fait le coup du « je file et disparais » parce qu'elle sent que je la cherche d'une manière différente quand vient le temps de la mettre dans la cuisine avant d'aller au lit. Comment sait-elle que je suis armée de la tablette vermifuge ? Je ne le sais pas trop, mais de toute évidence elle « sent » mon intention et fait ce qui est approprié pour y échapper.

Libérez son potentiel

Nous savons que les chatons qui ont été manipulés tôt, entre deux et sept semaines, sont plus portés vers les gens et que si nous leur faisons vivre de nombreuses nouvelles expériences, ils deviennent en général des chats plus réceptifs et plus communicatifs. Comme les jeunes enfants, ils mettent beaucoup d'ardeur en tout, ne sont pas assez peureux et sont inconscients de leurs propres limites. Il est connu que les chatons peuvent être sevrés et commencer à apprendre à chasser très tôt si le lait vient à manquer ; aussi, même tout petits, ils peuvent s'adapter à une situation et adopter une nouvelle stratégie de survie. Un chat gardé dans un environnement non stimulant pendant cette « période sensible » peut ne jamais développer sa curiosité et ignorer comment affronter les problèmes. Il se contentera d'éviter les choses et les circonstances qui ne lui sont pas familières. Alors, pour les meilleurs résultats possibles, voyez-y quand ils sont jeunes ! Le même conseil est valable quand on veut entraîner des chiens guides pour les aveugles. Les marcheurs spécialisés prennent les chiots quand ils sont tout petits, les familiarisent avec tout type de situation afin qu'ils rencontrent le plus d'images, de sons, de personnes et d'animaux possibles. Les chiots vivent avec leur marcheur dans l'animation normale d'une famille à partir de l'âge de six semaines, soit immédiatement après le sevrage. De cette manière, ils apprennent rapidement et, une fois devenus chiens guides, ils parviendront à faire face à la plupart des situations qui se présentent. Ainsi formés, ils pourront se concentrer sur leurs tâches hautement spécialisées. Il ne faudrait surtout pas que la peur les fasse s'enfuir en courant et, qui plus est, que leur maître aveugle traîne derrière eux.

Techniques d'entraînement

Entraîner un animal consiste à modeler son activité de manière qu'il se comporte comme on le lui demande. L'entraînement peut prendre différentes formes et viser différents objectifs. Quelquefois, l'entraîneur enseigne des « tours », des postures simples associées à la commande « assis ! », « reste ! » ou « demande ! », ou des performances plus complexes destinées au cirque. Dans d'autres cas, il s'agit d'enseigner à associer deux actions, comme pour l'utilisation de la litière, alors que l'animal doit transférer un comportement qui lui est normal dans un lieu spécifique et à un temps déterminé.

Entraîner un chat à marcher en laisse est un autre exemple. Une fois acquis, cet apprentissage permet aux résidants d'un environnement urbain de promener leur chat en toute quiétude, car il pourra ainsi satisfaire sa curiosité sans risquer d'être frappé par une voiture ou d'être menacé par la « vie sauvage du quartier ». Non seulement l'entraînement à la laisse le familiarise en douceur au port d'un harnais, mais il l'habitue à être relié physiquement à son maître. En toute quiétude, le chat apprivoise les types d'environnement où il pourrait éventuellement se retrouver, advenant qu'il soit seul à l'extérieur. Évidemment, commencer l'entraînement quand il est jeune facilitera la chose et le chat en viendra à trouver normal de sortir et de marcher avec son maître.

Certains chats, surtout s'ils sont peureux, peuvent ne jamais supporter le harnais et redouteront la laisse; les chats détendus et confiants risquent moins de paniquer et de s'emmêler dans la corde, ce qui leur inculquerait la peur de la chose. Essayez de rendre le tout rassurant et agréable. La première étape consiste à accoutumer le chat à porter le harnais qui, incidemment, est beaucoup plus sécuritaire que le collier (le modèle idéal est celui qui s'ajuste facilement). Si le chat commence à s'agiter, prenez une pause et remettez-le-lui pour de brèves périodes, par exemple au moment où il entame son repas afin qu'il l'associe à un plaisir. Faites-lui porter le harnais quand il est dans la maison et attendez qu'il s'y habitue avant d'ajouter la laisse. Ne tirez jamais sur celle-ci, mais donnez plutôt à votre chat la chance de se familiariser avec la sensation d'être lié à vous (une laisse d'environ 2 mètres de long convient tout à fait pour l'entraînement). Avec une laisse plus longue, la situation deviendrait vite incontrôlable! Récompensez-le quand il a fait quelques pas avec vous – vous pouvez utiliser la nourriture comme une incitation à continuer. Habituez peu à peu votre chat à marcher avec vous autour de la maison; puis, quand votre tandem fonctionne bien, allez le promener dans le jardin.

Un chat qui porte sans stress le harnais dans une pièce tranquille peut paniquer la première fois qu'il se retrouve dehors en présence de toutes ces nouveautés: voitures, enfants, planches à roulettes ou bicyclettes, apparitions soudaines de chiens. Sans compter tout ce bruit auquel il n'est pas habitué. L'entraîner signifie l'amener gentiment et calmement à s'accoutumer aux plus de choses possibles au cours de la marche. Le chat, par instinct, fuit le danger, aussi soyez prêt à garantir sa sécurité en intervenant s'il lui vient soudainement l'envie de fuir.

Nous pouvons tous enseigner à un chien à se coucher ; il faut admettre que certains maîtres s'y prennent de si mauvaise façon que le mérite revient davantage à la bête. Mais qu'en est-il des chats ? Les chats ne sont pas renommés pour leur inclinaison à se plier aux ordres. Pour cette raison, la croyance populaire les veut stupides, arrogants ou hypocrites. En réalité, ils apprennent très vite dans les circonstances où leur tendance naturelle à réagir est sollicitée. Si on brise toutes les règles d'or dans leur entraînement, les chiens resteront malgré tout avec nous et ils nous obéiront dans une certaine mesure. Ces succès, quoique mitigés, feront que nous aurons tendance à nous y prendre de la même manière avec les chats. C'est là que nous échouerons radicalement : assurément, les chats ne sont pas des chiens et ils voient les choses autrement.

Les principes fondamentaux de l'entraînement sont les mêmes pour tous les animaux, des tigres aux éléphants, des dauphins aux chevaux. Un entraînement réussi exige d'abord la compréhension du comportement naturel de l'animal. Quelle est, par exemple, sa réaction probable s'il venait à avoir peur ou qu'est-ce qui semble lui faire plaisir ou le motive à faire certaines choses ?

Le second principe est la récompense et la gentillesse – la crainte et les punitions ralentissent l'apprentissage. Soyons honnêtes : quand nous sommes nerveux, il nous est impossible de penser clairement, et encore moins de réussir sous pression une nouvelle tâche. Les entraîneurs de dauphins, par exemple, doivent toujours encourager leurs animaux et faire en sorte que l'animal veuille participer au « jeu » de l'entraînement. S'ils veulent que le dauphin bondisse dans les airs par-dessus une corde, ils ne se contenteront pas de placer la corde à 2 mètres de hauteur et d'espérer que le dauphin sache quoi faire. Ils commenceront par laisser la corde flotter sur le dessus de l'eau et, la première fois, ils récompenseront l'animal qui aura simplement passé au-dessus en nageant. Graduellement, les entraîneurs hausseront le niveau de la corde et répéteront la manœuvre, engageant alors la phase cruciale de l'entraînement, la récompense. Si le dauphin devait échouer et passer en dessous de la corde, les dresseurs concluront qu'il n'a pas compris ce qui lui était demandé : ils repartiront à zéro et la corde sera immédiatement baissée. Il n'y a aucune punition – l'animal n'a simplement jamais droit à l'erreur. En cas d'échec, l'entraîneur prend le blâme d'être allé trop loin, trop vite. Ainsi, tout le processus repose sur une intervention positive et la récompense est la seule motivation du dauphin.

Les mêmes principes peuvent s'appliquer lorsque vous voulez apprendre à votre chat à se servir de la chatière. D'abord, laissez la chatière grande ouverte. Puis, en lui adressant des petits mots d'encouragement et en lui offrant des gâteries, invitez-le à s'approcher. Une fois cette étape réussie, vous pouvez tenir pour acquis que le chat a envisagé d'y entrer. Baissez graduellement la chatière et placez un objet quelconque de manière à la garder juste assez levée pour que le chat n'ait qu'à pousser légèrement pour s'insérer à travers l'ouverture. Quand vous la baisserez encore un peu plus, le chat, initié au mécanisme de la chatière, aura le réflexe de la pousser davantage et éventuellement, il saura s'ajuster quand elle sera complètement fermée.

Certaines chatières modernes ferment très hermétiquement et requièrent une vigoureuse poussée pour venir à bout du caoutchouc parapluie. Dans ce cas, le chat aura besoin d'un peu plus d'encouragement.

Si vous avez déjà un chat qui emprunte régulièrement la chatière, les nouveaux venus suivront son exemple beaucoup plus rapidement que vous pourriez les convaincre avec vos encouragements et vos astuces. En vertu du type d'apprentissage qui associe action et résultat, on ne peut alléguer que le chat qui répugne à utiliser la chatière est nécessairement d'intelligence lente. Il pourrait fort bien avoir saisi le truc très vite, et avoir été aussitôt attaqué par un rival de la place ou un chien du voisinage. Ce résultat lui aura appris à ne plus jamais se placer dans une telle position vulnérable, et il aura alors décidé de vous entraîner pour que vous lui ouvriez la porte ! De cette manière, il s'assure que vous le protégiez et que vous éloignerez tout rival ou toute présence menaçante à l'extérieur, ainsi il pourra sortir en toute sécurité. Aussi, ne taxez pas à la légère le chat de stupidité ! Sa survie dépend de sa juste appréciation des risques, et en faisant de vous son protecteur, il se montre fin stratège et capable d'anticipation.

Il existe une méthode d'entraînement qu'on appelle le déclic et qui consiste à dresser l'animal en utilisant un bruit sec. Cette méthode, surtout reconnue pour le dressage des chiens, fonctionne aussi avec les chats. L'idée est d'indiquer à l'animal l'action précise qui lui vaudra une récompense. On se sert d'un objet qui claque – une petite boîte de plastique contenant une plaque d'acier flexible qui fait un double clic quand on la presse. Le son, très distinct, est obtenu si rapidement que le comportement félin souhaité peut être identifié avec une grande exactitude. La méthode est plus efficace que la voix, et une fois que le chat a associé le clic avec la récompense, celle-ci devient même moins importante parce que l'animal comprend que le clic indique le comportement que l'on attend de lui et que la récompense suivra. Comme il a été dit précédemment, la récompense doit convenir au chat et lui être désirable – quelque chose d'un peu plus luxueux que l'ordinaire, comme du poulet ou des crevettes, suffit habituellement !

Une fois le signal et la récompense établis, vous pouvez commencer l'entraînement. Voyez très clairement et dans le menu détail ce que vous voulez obtenir et morcelez la tâche en petites étapes. Choisissez votre aliment-récompense et séparez-le de façon à pouvoir donner plusieurs petites bouchées au cours d'une même session. Utilisez la petite boîte qui clique et « récompensez » le chat chaque fois qu'il exécute l'ordre donné. N'ayez jamais recours à la punition. Même une légère réprimande peut avoir un effet dissuasif – récompensez le bon comportement et ignorez l'autre que vous ne voulez pas.

Les récompenses

Savoir choisir le bon moment pour donner la récompense est la clé du succès dans le processus d'apprentissage des animaux. Vous devez toujours l'accorder, et ce, immédiatement après chaque tâche accomplie : un délai de plus de deux secondes pourrait amener l'animal à associer la récompense avec autre chose que la tâche que vous vouliez valoriser. L'instantanéité de la récompense aide l'animal à apprendre rapidement et à anticiper le plaisir de répéter la même action.

Autre facteur de réussite, la réponse doit être adéquate : quelque chose que l'animal désire et qui lui procure du plaisir. Aussi, donner du poisson aux dauphins et des gâteries aux chiens est manifestement approprié et donne de bons résultats. Alors que les félicitations et les petites tapes affectueuses fonctionnent bien avec les chiens, cette récompense est moins appréciée par un dauphin. Et qu'en est-il des chats ? Bien sûr, ils apprécient la nourriture quand ils ont faim, mais ils ne raffolent pas des gâteries autant que les chiens. Les principales sources de motivation – et les plus attrayantes – qu'on a pu remarquer dans notre relation avec les chats peuvent alors servir d'outils d'entraînement. Viennent tout de suite à l'esprit la chaleur et l'attention, mais là encore, le chat n'en désire pas toujours. C'est un animal qui ne se laisse pas facilement « corrompre » ! Il faut plutôt essayer de profiter du moment où il se montre prêt à interagir et l'encourager au maximum en misant sur son « faible » pour les caresses, les gâteries ou même un coin chaud et sécurisant. De toute évidence, le scénario demande un petit peu plus d'imagination que dans le cas du chien qui voit une récompense en toute espèce de nourriture.

Nous pouvons enseigner aux chats à exécuter beaucoup de ces choses que nous montrons aux chiens, comme donner la patte ou s'asseoir, mais cela exige du temps et de la patience – deux qualités qui manquent à beaucoup d'entre nous ! Il vaut mieux commencer l'entraînement quand l'animal est jeune, alors qu'il est ouvert aux suggestions et disposé à de nouvelles expériences. Vous pourriez enseigner à un vieux chien de nouveaux tours, mais il faudra y mettre un peu plus de temps. Pour un chat âgé, ce que nous lui offrons comme « récompense » (l'affection ou un petit spécial en nourriture) a probablement beaucoup moins de valeur à ses yeux que le plaisir de s'asseoir devant l'âtre, de faire une sieste ou de sortir se balader. Décider lui-même de ce qu'il veut et agir à sa guise est souvent ce qui lui plaît davantage. Certains chats peuvent apprendre et communiquer comme si cela leur était naturel, d'autres, trop paresseux ou indifférents, ne s'en donnent pas la peine.

Ann Head, l'entraîneuse d'Arthur, le chat blanc qui va chercher la viande de la boîte *Kattomeat* avec sa patte, l'a choisi à cause de son tempérament doux et parce qu'il aime leur interaction complice. Elle essaie d'imaginer le point de vue de son chat chaque fois qu'elle lui demande une performance. « Le don de la patience est primordial ; tout est fait avec gentillesse, explique-t-elle, ajoutant : vous ne pouvez forcer un chat à travailler ! » Une bonne relation et le plaisir dans l'exécution de la tâche, tout est là.

Punir ?

Les chiens sont des animaux faciles à entraîner. Si vous partez des principes de base de l'entraînement, vous vous rendrez compte qu'en ce qui a trait aux menaces et aux punitions, nous nous « permettons n'importe quoi » avec nos chiens. Les chiens apprennent en dépit de nos techniques pas toujours appropriées, ou de nos manques de techniques. Pensez-y un peu : y a-t-il pires conditions d'apprentissage que d'être encerclé par une ribambelle de chiens dans une salle au milieu de laquelle se tient une personne étrange qui s'agite en multipliant des ordres ? C'est pourtant la réalité de bien des « classes d'entraînement ». Sur place, votre chien pourra obéir aux consignes, mais il n'appliquera pas nécessairement dans son environnement quotidien ce qu'il a appris et il reprendra son ancien comportement. Aussi, l'entraînement de nos chiens ne nous a nullement outillés pour tenter de convaincre nos chats d'obéir – un chat fuira aussitôt les lieux plutôt que d'accepter un tel traitement.

À vrai dire, on ne peut pas réellement mettre en opposition punitions et récompenses. En effet, alors que la récompense augmente l'intensité de la réponse de l'animal, la punition ne provoque pas une diminution du comportement répréhensible et ses conséquences peuvent être imprévisibles, particulièrement en ce qui concerne le chat. Ce dernier est incapable de faire un lien entre la punition et le méfait – vous l'aurez peut-être secoué pour avoir rapporté une souris dans la maison ou chipé le poulet sur la table. Ne vous en déplaise, il interprétera probablement votre geste comme une attaque gratuite. Plus vous agirez ainsi, plus le chat évitera votre présence, juste au cas où il vous viendrait encore l'idée d'agir comme un lunatique.

Cas de force majeure

Parfois il est impérieux d'empêcher nos chats de faire quelque chose de précis. Par exemple, de sauter sur la tablette où est rangée la vaisselle de porcelaine, ou encore sur la table de la salle à manger ou, comme mon chat l'a fait récemment, de gratter le cadre de la fenêtre fraîchement repeinte pour demander à sortir. En passant, le cadre a maintenant un drôle de fini pileux ! Dans les cas qui sortent du commun – comme pour la fenêtre normalement « accessible » – un bruit aigu ou un *hiss* arrêtera le chat dans son élan et vous pourrez l'empêcher de bondir. Le son *sss* est le plus efficace parce qu'il fait déjà partie du répertoire des chats qui le connaissent et l'utilisent pour impressionner, surprendre ou dissuader l'adversaire. Quand vous devez intervenir avant que le pire ne survienne – comme avec ma fenêtre –, poussez un son vocal aigu ou faites un bruit perçant. Ils neutraliseront l'animal en moins de temps qu'il n'en faut pour le dire. Les chats apprennent vite à cesser quelque action qu'ils auraient en tête si vous utilisez judicieusement et au bon moment le *sss* de façon à les prendre sur le fait. Les punitions physiques, les cris ou les hurlements n'auront pour seul effet que de faire en sorte que le chat ait dorénavant peur de vous.

Si vous voulez mettre un terme définitif à un problème récurrent, comme ses sauts sur la plaque de cuisson qui pourrait être chaude et le brûler gravement, alors vous pouvez employer la technique du « cas de force majeure ». Il s'agit de lui faire associer le saut sur la cuisinière avec un résultat déplaisant (mais pas douloureux ni dangereux). Vous devez faire en sorte que le chat ne se rende pas compte que vous êtes responsable de l'effet perturbateur ; pour qu'il l'associe uniquement au fait de bondir sur la table de cuisson. Par exemple, si chaque fois, un filet d'eau lui tombe dessus, ou un cri aigu le fait bondir, il associera ce résultat détestable à son action. En dégringolant, les boîtes métalliques vides, empilées et mises soigneusement en équilibre, auront le même effet sur le chat voulant sauter sur la surface du comptoir. Avec un peu de chance, le chat fuira désormais cette zone précise pour éviter la répétition d'un tel vacarme. Ici, la « punition » est en réalité une aversion et le chat ne l'associera en aucun cas au maître chéri qui est là pour réconforter après un si fâcheux incident venu du si méchant appareil de cuisson.

Le processus d'apprentissage imite en cela la nature où le chat, afin de survivre, doit apprendre par l'expérience à éviter les dangers. Une fois qu'il découvre que s'il va au-delà d'une certaine barrière, le terrier de la maison va surgir, le forçant à se sauver en quatrième vitesse, il n'ira plus jamais se balader par là et jettera son dévolu sur autre chose. Une seule expérience suffit habituellement pour lui faire éviter à tout jamais la zone ou pour qu'à tout le moins, il vérifie attentivement si le petit chien aux grosses dents est dehors dans le jardin. Tous les jours, les chatons font beaucoup de rencontres peu amicales. Ceux qui passent leur jeune vie dans la nature doivent apprendre à la fois à éviter et à affronter les dangers quotidiens pour survivre.

Qui entraîne qui ?

Nous ne nous rendons pas très bien compte à quel point ce sont nos chats qui nous entraînent. Ils ne sont pas mus par des notions de domination ou de punition, mais font preuve de suffisamment de patience pour persévérer jusqu'à ce que l'on ait compris ce qu'ils veulent. Par exemple, un chat qui veut de l'attention peut réveiller systématiquement son maître à six heures du matin en grattant à la porte de la chambre. Son maître a beau protester et jurer, il finira éventuellement par se lever et laisser entrer le chat. Le chat obtient la récompense souhaitée, la chaleur du lit et l'attention – même si son maître fulmine pour la forme. Le chat l'a « entraîné » et le récompense par la présence de son petit corps affectueux tout ronronnant et un léger miaou. Il en va de même lorsque minet veut manger, ou lorsqu'il fait vibrer la vitre de la fenêtre pour sortir ou la gratte pour rentrer – c'est le chat qui dresse son maître !

Même si les chats peuvent exprimer très clairement ce qu'ils ressentent par le langage du corps, nous, les humains, utilisons surtout des mots pour communiquer, et nous échouons souvent à lire le langage du corps de notre propre espèce. Cependant, la majorité des personnes qui ont des chats aimeraient bien être comme le Dr Dolittle et pouvoir converser avec leur animal. Nous pouvons motiver notre chat ou l'entraîner à nous « parler » en l'appâtant au moyen de nourriture et de preuves d'attention. En empruntant la petite voix spéciale qui est la vôtre lorsque vous vous adressez à lui (en toute honnêteté, nous adoptons tous un ton différent et une voix plus aiguë quand nous parlons à nos chats), vous lui montrez que vous voulez communiquer. Pour l'encourager à répondre, faites des petits murmures amicaux pendant que vous préparez son repas, mais ne lui donnez sa nourriture que lorsqu'il vous a « répondu ». Votre réaction doit être immédiate : ayez le bol de nourriture en main, prêt à être placé en face du chat dès qu'il aura « parlé ». Le chat finira par associer sa « demande » aux récompenses de nourriture, ou d'attention si vous l'avez habitué à « parler » pour avoir des caresses. Cet échange est en réalité un processus d'apprentissage d'entraînement à double sens. Bientôt, le chat se transformera en agent double – utilisant à ses propres fins ce qu'on lui a appris, de sorte que chaque fois qu'il voudra quelque chose il n'aura qu'à le demander. Les chats ne sont pas idiots, c'est indéniable !

Va chercher !

Un intéressant sondage du magazine *Cat World* a révélé que des chats s'amusaient autant que les chiens à rapporter des objets lancés par leur maître, et ils le faisaient non seulement occasionnellement, mais sur une base régulière. Nous entraînons les chiens, particulièrement les chiens de chasse et ceux qui ont une tendance naturelle à « rapporter », pour qu'ils soient capables d'aller chercher des objets, de les rapporter puis de nous les donner pour qu'on les lance à nouveau. Comme les chats nous apportent déjà des proies, l'action qui consiste à rapporter leur est donc naturelle, mais il est inhabituel de voir des chats s'impliquer dans le jeu chercher/rapporter. Il semble que dans ces cas relevés dans le sondage, ce ne soit pas le maître qui ait enseigné au chat à jouer, mais le chat qui a encouragé son humain à continuer de lancer l'objet. Une lectrice écrit : « Quand il était tout petit, déjà il voulait rapporter des objets. Il avait trouvé un morceau de papier chiffonné à peu près de la taille d'une cigarette pliée en deux et me l'avait rapporté. J'ai pu voir à son excitation qu'il voulait jouer alors j'ai lancé le papier pour lui faire plaisir. Il me l'a rapporté et ce fut le début d'un jeu délicieux. Le morceau de papier est toujours dans la corbeille de fruits et quand il a le goût de jouer il va le chercher et me le rapporte. Il fait son numéro avec quiconque lance le papier. »

Les chats dont il est question dans le sondage semblaient souvent obsédés par le jeu, le répétant sans se lasser des heures durant. On peut se demander comment et pourquoi ils ont appris ce jeu et ce qu'ils y gagnent. Le tout demeure un mystère. Cependant, de la lecture du volumineux courrier accompagnant le sondage, il ressort que certains chatons ont appris à rapporter des objets en observant les chats plus âgés de la maison. Si on se fie à nos propres expériences, on peut dès lors imaginer l'un d'eux s'adonnant à l'exercice devant les autres, qui observent la scène avec cet air de mépris que seul peut afficher un chat circonspect. Les maîtres prennent souvent un plaisir fou à ce jeu d'équipe, même si le tournoi dure parfois un peu trop longtemps à leur goût. L'un d'entre eux explique sa fatigue : « Quand je rentre à la maison et que je m'installe sur le canapé pour la soirée, il vient déposer ses jouets sur mes genoux et attend avec impatience que j'en lance un à travers la pièce. Aussitôt, avec une ardeur remarquable, il bondit pour aller le chercher, comme si sa vie dépendait du fait qu'il réussirait ou non à l'attraper, puis à le rapporter. Je dois admettre qu'au bout d'une heure, l'exercice peut devenir passablement éreintant, mais je trouve difficile de lui refuser ce plaisir si important à ses yeux. » D'autres maîtres avouent avoir entraîné leur chat comme un chien (entre autres, c'est ce que faisait avec son siamois une propriétaire de chien qui avait été déçue) et certains précisent que leur chat avait grandi en présence de chiens lui ayant transmis leur intérêt pour ce jeu. Pour finir, un de ces chats avait été élevé par une collie qui, après avoir perdu sa portée, avait jeté son dévolu sur le chat et lui avait appris à gronder comme elle.

Parmi les objets rapportés on retrouve des balles, des bouts de papier ou d'aluminium chiffonnés, des jouets, des cordons de robe de chambre, des ficelles et des lacets. Le bruit d'un rouleau à friser recouvert de caoutchouc mousse, le jouet préféré d'un chat appelé Bono, rendait celui-ci complètement hystérique. Ses maîtres s'assoyaient chacun à un bout de la pièce et lançaient le rouleau tandis que le chat, ayant pris une position stratégique entre les deux, bondissait dans les airs pour l'attraper. L'attraction de Bono pour les rouleaux à friser a pris fin quand il a découvert l'existence des orvets et qu'il s'est mis à rapporter ces petits reptiles dans la maison ! Un autre chat qui aimait aussi rapporter est passé rapidement des morceaux de papier et de tissu aux pièces d'un jeu de société, s'immisçant sans vergogne dans la partie en cours pour s'emparer d'un pion – un stratagème extrêmement efficace pour obtenir de l'attention. L'attention est probablement l'une des raisons pourquoi les chats aiment ces jeux et y prennent autant de plaisir. En apprenant comment initier le contact, puis le maintenir, les chats peuvent donner libre cours à leur instinct de joueur et de chasseur, sous la supervision sécurisante de leur maître ou de leur maîtresse et en captant toute leur attention. Ces chats vont amorcer et finir le jeu et avoir leur maître complètement sous leur contrôle. Qui a dit que les chats étaient distants, inintelligents ou incapables de faire ce qu'on leur demande ? En fait, il faut bien l'avouer, c'est le chat qui donne habituellement les ordres.

Astuces : comment « entraîner » votre chat

Soyez persistant, ayez de la patience et procédez lentement. Le chat ne doit jamais avoir droit à l'erreur.

- Récompensez-le toujours et rapidement.
- Ne le nourrissez pas n'importe quand si vous voulez utiliser la nourriture comme récompense – il ne la percevra pas comme telle. Si le chat a une préférence pour une gâterie, servez-vous-en uniquement pour l'entraînement, mais ne le récompensez pas avec quelque chose qui l'excite au point de ne pouvoir se concentrer sur ce que vous lui demandez de faire.
- Ne donnez la récompense que si le chat exécute ce qui lui est demandé, ou au moins en partie si vous divisez l'entraînement en petites étapes. La récompense doit être associée à l'action et doit donc être donnée immédiatement quand le chat l'a accomplie.
- Ne punissez jamais. Cela effraie le chat et ralentit le processus d'apprentissage.
- Les techniques d'aversion ou « cas de force majeure », comme le filet d'eau ou la pile de boîtes métalliques vides qui dégringole,

peuvent être utilisées pour empêcher le chat de monter sur une surface qui lui est défendue.

- Soyez toujours plein d'affection et rassurant, et ne faites jamais de gestes menaçants.
- Commencez quand le chaton est jeune, alors qu'il est facilement excité par tout ce que vous faites et intéressé à participer.

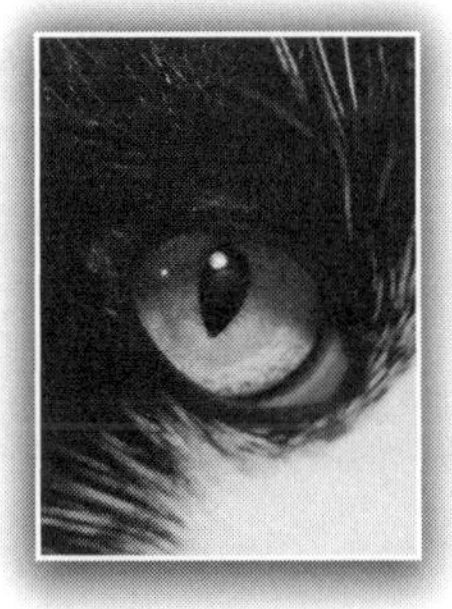

Chapitre 7

Problèmes et solutions

L'agressivité

Nous avons tous à l'occasion pu constater des manifestations d'agressivité chez nos chats. À part lors d'incidents causés par de la surexcitation, le plus souvent quand ils jouent, heureusement l'agressivité est rarement dirigée contre nous. Mère Nature a pourvu les chats d'un arsenal hautement efficace, autant à l'avant que sur les quatre côtés, mais ils ne s'en servent pour infliger des blessures que pour survivre en tant que prédateur. Mais qu'entendons-nous au juste par agressivité ? Outre les cas de prédation, où l'animal chasse et tue pour survivre, celle-ci peut se manifester pour quantité de raisons : dans des situations sociales, dans des guerres de territoire, dans des conflits pour accaparer la nourriture ou dans des situations de légitime défense. On peut décrire l'agressivité comme une attaque hostile, qui est préjudiciable à l'intégrité physique d'une autre partie.

L'agressivité envers les personnes

Il est rare qu'un chat dirige son agressivité vers une personne. En revanche, nous avons presque tous été victimes de ce que les Américains appellent le « *petting-and-biting* » (caresse-moi et je te mords). Beaucoup de chats sont atteints de ce syndrome. Certains agissent après de brèves périodes de manipulation, d'autres, à la toute fin d'une période d'échanges affectueux : soudainement, le chat attaque la main qui le caresse. Les spéculations des experts nous ramènent à la relation du chaton avec sa mère : une fois qu'il accepte d'être pris par un humain, le chat se comporte comme à son tout jeune âge. Détendu, il savoure la protection et l'attention qu'on lui prodigue jusqu'à ce que l'adulte en lui prenne le dessus. Le prédateur, indépendant et affirmé, se sentira soudainement coincé dans une position vulnérable et alors, il se cabrera dans une attitude d'agressivité défensive, mordant et donnant parfois des coups de patte, avant de bondir (habituellement) des genoux de son maître. En trottinant, il s'éloignera un peu, à une distance lui laissant la possibilité de fuir encore plus, et il entreprendra de se lécher pour se remettre de ses états de confusion et d'anxiété.

Pour endiguer son comportement indésirable et lui éviter d'inutiles paniques, il faut essayer de détecter à temps l'apparition du trouble dans l'esprit du chat et limiter les périodes de manipulation, quitte à les répéter plus souvent, pour qu'il n'atteigne plus jamais de point critique. Par la suite, on peut étirer graduellement les périodes de caresses. Les parties sensibles du chat comme l'abdomen ou la région des pattes d'en arrière sont à éviter en tout temps et, dans certains cas, il est sage de limiter les caresses au dos et à la tête.

Le chapitre 5 vous livre les grandes lignes d'une étude démontrant que les chats présentent deux types distincts de caractères génétiquement programmés. Le premier a grand besoin de socialiser et se montre plus enclin à être amical avec les humains. L'autre, dans ses rapports sociaux, semble éprouver un plus grand besoin d'activités à la mesure de son inclinaison pour la compétition et la prédation et il réclame moins d'échanges amicaux et, quand il le fait, il en prend lui-même l'initiative. S'il est poursuivi par les avances insistantes de son maître cherchant à le prendre et à le caresser, il peut se montrer intolérant ou même manifester une agressivité défensive. Mais, peu importe son caractère, il est quand même rare qu'un chat fasse preuve d'une agressivité vraiment gratuite envers ses maîtres.

L'agressivité entre chats

Bien que les chats n'aient pas la même organisation hiérarchique dans leurs rapports sociaux que les chiens, ils adoptent la même sorte de comportement antagonistes quand ils doivent résoudre des conflits territoriaux. On est à même de le constater lorsqu'un chat menace un rival dans le jardin en le fixant et en sifflant, ou se dispute avec d'autres chats de la maison pour s'assurer son coin de sieste préféré ou accaparer la nourriture. Non seulement l'ordre social est très élastique, mais il y a de grandes variations dans la sociabilité des félins. Certains sont heureux de vivre au milieu de grands groupes ; d'autres ne tolèrent aucun autre chat. Heureusement, la plupart sont capables de s'accommoder de la présence d'un ou deux autres congénères dans la même maison et vont ériger un système d'ordre social flexible, toutefois régi par le langage du corps, le comportement offensif, si nécessaire, et l'acceptation d'une hiérarchie.

Parfois les relations entre chats peuvent se briser sans raison apparente. Si les chats étaient auparavant de bons amis, les choses devraient finalement mieux s'arranger que s'ils pouvaient à peine se tolérer. Contrairement aux chiens qui sont destinés à vivre en bandes, les chats n'ont pas besoin d'appartenir à un groupe – pour eux, il n'y a rien à gagner à coopérer. En conséquence, si les chats décident de ne pas socialiser il peut être difficile de les persuader de faire autrement. Essayez d'amener les chats à se côtoyer en les nourrissant fréquemment, mais par petites quantités, et placez la nourriture dans des bols séparés que vous rapprocherez progressivement. La nourriture peut agir comme une diversion utile : elle amène chacun à partager l'espace de l'autre, mais il faut avouer que tout cela requiert du temps et de l'attention.

Dans une maison où les chats sont réciproquement tolérants, la question de savoir qui est le chef peut se poser à l'arrivée d'un nouveau congénère de même qu'au moment où un jeune chat atteint l'adolescence et devient plus compétitif. Le succès de l'intervention repose alors sur le caractère fondamental du chat et sur ses expériences sociales antérieures au sein de son groupe, de même que sur son statut sexuel et son instinct de domination. Prenons l'exemple de cette chatte siamoise de cinq ans qu'on avait depuis châtrée et de son chaton, castré, de trois ans et demi. Ils ne s'étaient jamais battus, avaient toujours joué, dormi et mangé côte à côte en harmonie…

jusqu'au jour où, par mégarde, le maître posa le pied sur la queue de la chatte. Cette dernière a naturellement hurlé de douleur, puis s'en est prise furieusement à son petit littéralement terrorisé. Leur propriétaire eut beau les séparer pendant quelques heures pour qu'ils se calment, la femelle a néanmoins continué d'attaquer le mâle à chaque tentative de les remettre ensemble, et ce, pendant les quelques jours qui ont suivi. Ici, un simple incident traumatique avait déclenché une cassure complète dans les rapports sociaux des deux chats.

Dans un cas similaire, impliquant cette fois des chats de Birmanie gardés en permanence à l'intérieur, une rupture totale est survenue entre deux mâles castrés après que l'un se fut enfui pendant deux jours. De retour au bercail, le fugueur a été considéré comme un parfait étranger, probablement parce qu'il rapportait avec lui des odeurs nouvelles, et provocantes pour l'autre. D'autres perturbations relationnelles, ne relevant pas toujours de cette sorte de transfert d'agressivité, sont tout simplement déclenchées par certains bruits – en majorité des sons soudains très aigus, de fréquences particulières. Le traitement à appliquer en ce qui concerne des chats qui se battent n'est ni facile ni rapide, mais des progrès sensibles peuvent être accomplis au moyen de rencontres que l'on contrôle à l'aide d'une cage. D'abord, on enferme l'agresseur et on laisse circuler librement celui qui a été attaqué, lui donnant ainsi l'occasion de s'habituer à la présence inoffensive du chat qui l'a effrayé. Le premier pas à franchir pour réparer la relation est de leur faire partager sans danger un espace neutre. La victime une fois calmée, on inversera les rôles et toute nouvelle tentative d'agression de la part de l'attaquant échouera inévitablement, vu que la victime sera alors protégée par la cage. Le but visé consiste à rompre le cycle de l'agressivité en introduisant une récompense qui sanctionne positivement le fait d'avoir partagé pacifiquement le même espace. Les chats réapprennent la tolérance, approchent plus calmement leur ancien complice, neutralisé dans la cage, et le flairent à travers les ouvertures. Ce processus peut être d'autant facilité si le maître a soin de brosser et de toiletter les deux protagonistes à l'aide d'une solution à base d'herbe à chat. Cette dernière favorise l'échange des odeurs en les rendant plus attrayantes à chacun (quoique cette herbe ne soit d'aucun effet chez certains chats).

Une fois que la tolérance mutuelle est rétablie, on peut espérer que les relations s'améliorent peu à peu. À la prochaine étape, on tentera de rapprocher encore plus les chats, en ayant soin de diviser leur ration quotidienne en plusieurs petits repas qu'on ne servira que s'ils sont ensemble, et ce, même si l'un mange dans sa cage et l'autre, à l'extérieur. La nourriture joue le rôle d'une distraction utile pour les chats affamés ou surexcités. Les belligérants ne pourront se rencontrer en dehors de la cage que sous la plus étroite des supervisions et il serait judicieux de se munir d'un harnais ou d'une laisse pour circonscrire tout dérapage. Quoi qu'il en soit, il faudra toujours un peu de temps, au moins plusieurs semaines, avant que vous ne puissiez les laisser se rencontrer en toute liberté, mais là encore, votre vigilance ne doit pas s'éteindre. Il est primordial que les rencontres soient fréquentes, mais brèves, afin que les chats comprennent qu'il s'agit d'une récompense pour leur comportement. Il faudra vous en tenir à ce protocole pendant un bon bout de temps. C'est qu'il est plus difficile de recoudre d'anciennes relations harmonieuses que d'intégrer un nouveau chat chez soi, indépendamment du type de caractère des animaux concernés. Comme pour certaines ruptures relationnelles chez les humains ou chez les chiens, il n'y a pas un modèle infaillible de traitement – tout ce qu'il faut c'est agir au meilleur de notre connaissance et investir beaucoup de temps et de patience. Dans l'éventualité d'un échec, il faudra peut-être vous résoudre à une situation radicale et trouver un nouveau foyer pour l'un d'eux, dans le plus grand intérêt de tous.

Les bébés

L'image classique qui vient à l'esprit quand on parle de chats vivant dans une maison où un bébé vient d'arriver, c'est celle d'un « chat qui dort sur le visage du bébé et qui risque de l'étouffer ». L'idée est tellement ancrée que beaucoup de parents qui attendent un enfant vont se débarrasser d'un chat qu'ils aimaient et que d'autres renonceront au plaisir d'en avoir un parce qu'ils y voient un danger pour les jeunes enfants. Quel dommage quand on songe aux expériences positives de tant d'autres jeunes parents qui éprouvent de grandes satisfactions du fait d'avoir un chat au sein de la famille ! Évidemment, il peut arriver à l'occasion que le chat, qui découvre une nouvelle source de chaleur, décide de se blottir dans le petit lit à côté de l'enfant. Le risque de blessure est réduit à zéro si les parents suivent la règle de base qui s'applique tant pour les chats que pour les chiens. *Ne laissez jamais sans surveillance un enfant avec un animal en liberté, ou dans quelque endroit où un animal pourrait avoir facilement accès*, en passant par exemple par une fenêtre ouverte ou une chatière.

Cette règle s'applique aux nouveau-nés, aux bébés qui rampent et qui commencent à se déplacer pour explorer, puis aux jeunes bambins dont les ardeurs peuvent affoler le chat. Elle doit être maintenue jusqu'à ce que l'enfant ait de six à huit ans : il sera alors en mesure de comprendre quand et comment il peut approcher le chat de la maisonnée, de même que le manipuler ou le repousser gentiment. Au départ, la règle a pour but d'assurer avant tout la sécurité d'un enfant sans défense, mais plus tard elle garantit aussi celle d'un animal innocent.

Idéalement, les personnes qui envisagent d'avoir un nouveau chat devraient attendre que leur famille soit complète. Le nouvel animal les traitera alors tous, adultes, bébés et enfants, d'une façon normale et il acceptera plus facilement les contraintes de la vie de la maisonnée qu'un chat adulte qui aurait soudainement à faire face à un élargissement imprévu – et de plus en plus bruyant – de la famille. Mais, évidemment, les bébés (comme les chats) ne sont pas toujours planifiés. Il est alors important de savoir comment s'y prendre avec le chat quand le poupon arrive.

Assurez-vous que le bébé et le chat fassent connaissance dès les premiers jours. Les présentations doivent être contrôlées et surveillées, en tenant le chat de façon sécuritaire et en lui permettant de flairer le nouveau venu et tous les objets qui l'accompagnent : les couches sales, les piles de couches propres, le landau, le petit lit, les vêtements, les jouets, tout doit y passer. Cette panoplie nouvelle bouleverse le chat dans son intimité. On doit donc lui permettre d'explorer son nouvel environnement pour qu'il en vienne à réaliser que ni le bébé ni son attirail ne constituent une menace à sa sécurité.

Ensuite, les parents devraient voir à ce que le nouveau bébé n'entre pas en compétition avec le chat. La plupart des chats ne vont pas en faire de cas, parce que souvent il leur suffit de demander de l'attention pour en avoir et ils repoussent nos avances s'ils n'en ont pas envie. D'autres chats, surtout ceux de races plus interactives comme les siamois et les chats de Birmanie, sont plus exigeants et peuvent voir le bébé comme un compétiteur sur le plan de l'affection. Dans ce cas il est important, avant que le bébé arrive à la maison, de commencer à répondre moins aux demandes d'attention du chat pour qu'il s'habitue à ce que vous ne soyez pas toujours disponible. L'arrivée du nourrisson sera alors moins traumatisante pour lui parce qu'il va continuer à recevoir de l'attention seulement sur votre initiative (cette pratique vaut pour tous les membres de la famille, pas seulement pour la maman). Si le chat reçoit alors plus d'attention en présence du bébé, mais seulement après que l'on s'est occupé de l'enfant et qu'on lui a donné des câlins, il interprétera désormais la présence du poupon comme la condition pour recevoir lui-même de l'attention et, surtout, il saura que le bébé passe avant lui. Évidemment, le chat et le bébé ne devront jamais être nourris au même moment, parce que le chat excité par la perspective du repas, que ce soit le sien ou celui du bébé – la nourriture est ce qu'elle est après tout –, devient une créature moins contrôlable et potentiellement plus dangereuse. D'ailleurs, il ne faut pas éluder la question de l'hygiène. Si la méthode rappelle le dressage d'un chien, on n'y peut rien et, de toute manière, bien des chats compétitifs réagissent bien lorsqu'ils sont traités – en tout bien tout honneur – comme des chiens.

Le chat peut réagir en urinant dans la maison, comme le fit Figaro à l'arrivée de notre nouveau bébé. Après avoir mouillé la couette deux fois la première semaine (devant nos yeux!), il a semblé s'habituer à la présence du bébé et a repris son bon vieux comportement habituel. Aussi, ne paniquez pas; rassurez le chat et laissez-le s'habituer au nouveau venu – la plupart s'adaptent très bien. Souvent, une fois le premier mouvement de curiosité passé, les chats se montrent indifférents vis-à-vis des jeunes bébés. Les problèmes risquent beaucoup plus de survenir quand le bébé commence à ramper. Soudain, tous les refuges familiers du chat, sous le buffet et sur la chaise, en dessous de la table à manger et son coin de sieste au soleil au bord de la fenêtre de l'entrée sont sujets aux invasions périodiques d'un enfant qui babille à cœur joie. Plusieurs chats vont apprendre à se nicher plus haut et donc dans des endroits leur assurant l'intimité désirée. Que ce soit sur le bord d'une haute fenêtre, le dessus d'un meuble ou d'une armoire, peu importe, ce qui compte c'est qu'il ait un coin à lui dans chaque pièce, surtout dans celle où il peut se faire un cocon recouvert et chaud à l'abri de la tendance, qui évolue vite, du jeune enfant à tout agripper sur son passage. À ce stade du développement de l'enfant, il est essentiel que les parents guident sa main et l'encouragent à toucher et à caresser gentiment le chat. De brèves mais fréquentes séances de socialisation apprendront graduellement au bébé qui rampe les méthodes appropriées de communication avec le chat et rendront le chat conscient que l'enfant a le droit de l'approcher, sous surveillance, et qu'il se montre de plus en plus compétent.

Si l'hygiène reste toujours un élément important, elle l'est d'autant plus à ce stade, étant donné que les bébés qui se traînent mettent leurs doigts partout et risquent de découvrir les « joies » de la litière. Ainsi voyez à ce que cette dernière soit munie d'un couvercle ou qu'elle soit éloignée du sol, sur une table par exemple. Le mieux est que vous gardiez la litière dans une pièce spécifique, inaccessible à l'enfant. Encore plus important, vérifiez régulièrement si le chat n'a pas de vers et lavez vos mains chaque fois que vous manipulez le chat ou ses effets !

Gardez également en tête un autre aspect de la sécurité. En effet, les petits jouets en peluche du chat, de même que tous ses accessoires, finissent par encombrer le sol (le grattoir cylindrique, par exemple) et représenter un danger pour le bébé qui rampe et qui manque de coordination. Aussi il serait sage de les mettre hors du chemin quand bébé « s'exerce ».

À mesure que ce dernier grandit et qu'il commence à marcher, sa coordination s'améliore. Son comportement devient alors plus prévisible pour le chat, qui peut alors réagir avec lui de la même manière qu'avec un adulte. De plus, bien des dangers au ras du sol, comme la litière, perdent de leur intérêt à mesure que l'enfant découvre, à la hauteur de sa tête, de nouveaux objets à explorer. Le chat devra sans doute se trouver une niche encore plus élevée. Cependant, quand l'enfant sera assez grand pour atteindre le rebord de la fenêtre devenu l'ultime refuge de l'animal, il devrait déjà être plus conscient de ce qu'il faut faire ou ne pas faire et avoir intégré les recommandations de sa mère si le chat se montre effrayé.

Le jeune enfant peut s'initier également à la manière de prendre et de tenir le chat – ici encore, de fréquents mais brefs essais sont préférables pour ne pas imposer à l'animal une étreinte prolongée. De plus, à ce stade, l'enfant peut commencer à s'initier aux soins du chat, par exemple en aidant maman à le nourrir. La socialisation par des contacts contrôlés devrait se poursuivre et se répéter le plus souvent possible, afin que l'enfant qui grandit sache mieux comment réagir avec le chat et interpréter le langage de son corps, de ses humeurs et, plus tard, de ses besoins. Alors, l'enfant aura peut-être le bonheur de faire partie des amoureux des chats de la prochaine génération.

Les appels

Les maîtres deviennent souvent très inquiets quand leur jeune chatte, poussant des miaulements lancinants que d'aucuns interpréteraient comme des plaintes, commence à devenir plus agitée, à manger moins et à uriner davantage. Ils la voient s'accroupir volontiers devant les autres chats, la queue figée sur le côté, la croupe en l'air. Puis, elle foule le sol avec ses pattes d'en avant en émettant des petits sons, comme si elle « chantonnait », et elle se lèche fréquemment sous la queue. À première vue, avec ses oreilles rabattues vers l'arrière et ses pupilles dilatées, on la croirait mécontente ou effrayée. Les puissantes émissions vocales qu'elle répète inlassablement sont des « appels » montrant que la chatte a atteint sa maturité sexuelle et qu'elle essaie d'attirer les matous des environs pour s'accoupler. Cela peut survenir tôt, dès l'âge de trois mois, ou sensiblement plus tard, jusqu'à dix-huit mois. Dans une telle éventualité, la chatte prendra au dépourvu ses maîtres ayant négligé de la faire opérer en dépit de leur intention. La première saison des amours peut être brève ou se prolonger durant des semaines. Peu importe la durée, la chatte ne doit évidemment pas aller à l'extérieur, où elle risquerait de rencontrer des matous non castrés.

Même si les vétérinaires préfèrent châtrer les femelles autrement que pendant une saison et davantage encore, avant la première (vers l'âge de quatre ou cinq mois), ils peuvent le faire pendant qu'elles sont en chaleur. C'est peut-être la meilleure décision à prendre quand elles lancent continuellement leurs « appels », rendant ainsi tout le monde fou (surtout s'il s'agit d'une chatte de race orientale), sans compter la grande détresse qu'elles vivent elles-mêmes du fait de ne pouvoir aller à l'extérieur pour s'accoupler.

Un besoin d'attention

Certains chats peuvent être extrêmement agaçants avec leurs demandes pressantes et ambivalentes : après avoir justement insisté pour sortir, voilà qu'ils supplient pour rentrer. Leurs tergiversations s'expliquent du fait que certains d'entre eux, n'ayant pas encore connu les joies de la vie à l'extérieur, se sentent un peu angoissés quand vient le moment de franchir le pas. Ils cherchent alors le réconfort de leurs maîtres venus à leur appel pour les cajoler ou les caresser. De leur point de vue, la présence de leurs maîtres compte davantage que leur envie de sortir ; après avoir été rassurés, ils finissent par résoudre leur conflit intérieur (partir ou rester, voilà la question !). C'est la nuit que le chat risque le plus de se sentir vulnérable, mais une fois qu'il vous a dressé à vous lever au son de son appel, il n'y a plus de raison pour lui de s'inquiéter ! Si vous ne voulez pas, et c'est bien compréhensible, endurer le bruit, il est essentiel que l'appel du chat reste sans réponse, pour qu'il perde cette habitude. Supportez la chose si vous le pouvez (prenez un petit verre avant de vous retirer et avec un peu de chance vous vous endormirez pour de bon). Ou encore, vous pourriez laisser dormir le chat dans la chambre avec vous, mais alors il voudra probablement que vous restiez réveillé toute la nuit ou, à tout le moins, que vous vous leviez pour lui servir son déjeuner à l'aurore.

Des habitudes alimentaires singulières

Les chats sont obligatoirement carnivores – ils doivent manger de la viande et, de toute façon, ils ne sont habituellement pas intéressés à quoi que ce soit d'autre. Quelques-uns se permettent à l'occasion un morceau de gâteau, de fromage et même du chocolat, mais d'autres apprécient plutôt des plats d'accompagnement bizarres.

Bouffeurs de laine

Pourquoi certains chats éprouvent le goût ou le besoin de manger de la laine et d'autres tissus, on l'ignore. Mais on sait que c'est une réalité : beaucoup de personnes qui ont vu leurs vêtements, leurs moquettes et leurs housses de meubles troués peuvent en témoigner. Même si ce comportement a été remarqué dans les années 1950, on a pensé alors qu'il s'agissait d'un trait limité à certaines lignées de races siamoises. Le résultat d'un sondage sur ce problème mené par le psychologue Peter Neville a révélé qu'il est plus répandu que ce que l'on croyait et qu'il se manifeste chez les siamois, les chats de Birmanie et les chats d'origine mixte, incluant les chats de gouttière.

Certains bouffeurs de tissu ne s'intéressent qu'à la laine, peut-être à cause de son odeur. Mais la majorité étendent leur appétit à toutes sortes d'étoffes, de la laine jusqu'au coton et aux tissus synthétiques. Les vêtements, préférablement déjà portés, le linge de lit et les serviettes ont particulièrement la cote. Quand il mange quelque tissu que ce soit, le chat est complètement absorbé dans son activité et parfois on le croirait en transe. Intervenir en sifflant ou en criant ou même en lui lançant de l'eau peut l'arrêter, mais le plus souvent, il reviendra tout droit à l'objet de ses délices ou en cherchera un autre dans un endroit plus tranquille. Souvent, le chat commence à mâchouiller la laine avec ses canines et ses incisives mais, une fois la bouche pleine, il se met à la moudre à l'aide de ses molaires coupantes placées à l'arrière de sa gueule. La quantité de tissu consommée par certains chats est d'autant plus phénoménale quand l'on considère que le tissu, conservé intact, passe habituellement à travers son corps sans lui causer de tort. Malheureusement, certains souffrent de blocages d'estomac ou de graves problèmes de système digestif qui finissent par justifier l'euthanasie. D'autres arrivent à vivre une longue vie en santé, mangeant de la laine ou d'autres tissus chaque jour sans aucune conséquence.

Quelques autres doivent être aussi endormis parce que leur voracité coûte trop cher aux maîtres qui ne peuvent plus supporter la situation. Certains chats ont abîmé des robes valant plusieurs centaines de dollars; d'autres, des meubles d'une valeur inestimable. Le sondage estime le coût moyen des dommages à 220 $ US par bouffeur de tissu. La majorité des propriétaires de chats qui ont répondu au sondage se sont montrés très conciliants: ils ont appris à vivre avec le problème et n'envisagent pas de se séparer de l'offenseur; enfin, ils ne rejettent pas l'idée d'avoir un jour un chat de la même race.

Une théorie sur les origines des mangeurs de tissu veut que, comme pour les bouffeurs de laine, le comportement soit lié à un reliquat d'infantilisme chez des chats de race, traditionnellement délicats, qui sont trop choyés et dorlotés par leurs maîtres.

Le meilleur traitement pour les chats qui mangent de la laine ou des tissus uniquement en l'absence du maître, mais qui s'accrochent à lui et sont dépendants quand ce dernier est autour, c'est de les encourager à devenir plus autonomes. Il faut remplacer toute réaction infantile à leur endroit par des réactions plus adultes et limiter les échanges affectueux à de fréquentes petites doses dispensées au bon vouloir du maître. Chaque fois que c'est possible, on doit encourager ces chats à aller dehors afin d'augmenter leur niveau de stimulation. Cela aura pour effet d'atténuer la prépondérance du maître et de la maison dans leur réseau d'activités et de les encourager à établir des rapports plus autonomes avec le maître. Souvent le problème semble se résoudre de lui-même. Toutefois, il est bien difficile d'affirmer que le problème ne se déplacera pas tout simplement chez un voisin ou sur une corde à linge à la portée du chat… Quoi qu'il en soit, les tissus comestibles doivent être rendus le plus inaccessibles possible à tous les chats qui ont cette tendance, et parfois cette seule mesure met fin au comportement.

Conditionner négativement le chat en l'interrompant au milieu de sa dégustation avec un pistolet à eau s'est avéré utile dans certains cas. Par contre, cette tactique implique un trop grand risque de fabriquer un délinquant clandestin. Les moyens indirects, comme utiliser en guise d'appât une serviette de table sur laquelle on a appliqué un produit répulsif, peuvent produire un effet suffisamment choquant pour dissuader le chat de manger du tissu. Le choix du produit demeure toutefois un élément crucial. En effet, les sapidités traditionnelles du poivre, de la moutarde, du chili ou de la pâte de cari sont invariablement sans effet : elles ne font que développer chez le chat le désir de saveurs plus exotiques dans son alimentation habituelle. Les composés aromatiques comme la menthe et l'huile d'eucalyptus semblent avoir plus de succès et ont réussi à réformer quelques ardents bouffeurs de tissus, mais ces produits doivent être utilisés avec prudence.

La meilleure solution à ce problème réside, semble-t-il, dans la gestion de l'alimentation du chat. La plupart des mangeurs de tissus ont une consommation parfaitement normale et saine de leur propre nourriture et leur appétit n'est habituellement pas dérangé par le fait d'avoir le ventre plein des fibres d'un chandail de nylon ou d'un foulard de laine. En donnant au chat une provision constante de nourriture sèche en plus de son alimentation habituelle, son envie de manger du tissu peut se porter vers des cibles plus nutritives, et cela, apparemment sans risque d'embonpoint. La plupart des chats ne mangent que de petites portions de nourriture sèche pendant toute la journée et abandonnent volontairement la consommation à heures fixes. Parfois il est utile d'éliminer complètement l'heure des repas et, à la place, de laisser la nourriture sèche toujours à sa portée pour qu'il y vienne à son rythme et à son heure.

Si le fait de garder leur estomac constamment occupé et partiellement rempli règle le problème de certains chats aux prises avec un besoin compulsif de laine ou de tissu, on peut déduire que la solution devrait passer par une recherche de la satiété plutôt que par un changement alimentaire. Ce qui explique pourquoi l'ajout de fibres, lesquelles aident à étoffer le volume et à diminuer le temps de passage de la nourriture traditionnelle en boîte à travers le système digestif, semble aider à prévenir ce comportement chez le chat. On peut obtenir une masse alimentaire plus grande en ajoutant des sources de fibres, comme du son, à l'alimentation habituelle. Il faut savoir trouver la dose, car la plupart des chats n'accepteront pas une proportion trop élevée. En désespoir de cause, mêler à la nourriture des petits bouts de laine ou de tissu (écru) déchiquetés peut se révéler un compromis acceptable pour le chat. Ce qui, on en conviendra, est une façon de céder à son envie, mais sera tout compte fait moins onéreux que de laisser le chat faire son choix dans la garde-robe. D'autres maîtres ont résolu le problème de leur chat consommant aussi bien du tissu que de la laine en lui fournissant une serviette ou un foulard comme plat d'accompagnement. Le chat prend quelques bouchées de nourriture, puis grignote et mâche une portion de serviette – c'est un spectacle pour le moins étrange, mais la méthode, dans certains cas, est extrêmement efficace.

Chez certains mangeurs de tissu, le temps de l'ingestion de la nourriture normale semble avoir un rapport avec la fréquence et la gravité de leur consommation de tissu à d'autres moments. Dans la nature, le chat devrait d'abord traquer, capturer, maîtriser et tuer sa proie avant de la manger. Ce processus de consommation prend finalement un certain temps parce qu'il lui faut mâcher ou déchirer la fourrure et les plumes avant de pouvoir atteindre la chair. De tels procédés sanglants ne sont pas nécessaires comme préliminaires aux repas du chat domestique, mais l'obliger à investir plus de temps dans le processus de transformation de sa nourriture peut s'avérer une solution bénéfique. Cela s'applique sans réserve aux incorrigibles mangeurs de tissu qui semblent apprécier de devoir consacrer beaucoup de temps à se délecter d'une viande coriace ou à mâcher l'indigeste tendon attaché aux gros os, plutôt que de savourer les repas gratuits et faciles à mâcher déjà sur le plat.

Bouffeurs de plantes

La plupart des chats consomment plus de verdure qu'on ne l'imagine, probablement parce que leur instinct les porte à faire un effort pour obtenir une source de vitamines, de minéraux et de fibres alimentaires rapidement digestibles. Certains régurgitent l'herbe avec ou sans une partie de leur repas, et l'on croit que c'est là une méthode naturelle pour se débarrasser des vers ou des boules de poils. En général, les chats sont très pointilleux en ce qui concerne leur nourriture. La plupart évoluent librement dans les jardins et à l'intérieur des maisons et ne mangent pas de plantes toxiques. Cependant, les chats qui vivent toujours à l'intérieur, et les chatons curieux, peuvent mâchouiller un petit bout de plante en pot pour satisfaire un besoin de manger de l'herbe, ou simplement par ennui ou par curiosité. On devrait mettre à leur disposition des pousses d'herbes à mâcher, ce qui les dissuaderait de s'attaquer aux plantes de la maison. On peut s'en procurer dans les animaleries et, comme elles sont plus attrayantes pour les chats que la plupart des autres plantes en pot, ces derniers les préféreront volontiers. Si votre chat vit toujours ou partiellement à l'intérieur et semble aimer un peu trop vos plantes, faites-vous un devoir d'éliminer rigoureusement les plantes toxiques dans la maison ou sur son circuit à l'extérieur.

Autres habitudes

Le chat a une habitude bien singulière, qu'il semble apparemment freiner de lui-même, celle de mâcher des fils électriques. De toute évidence, elle est potentiellement fatale pour lui et dangereuse pour votre propriété. Si on ignore d'où lui vient cet attrait, il n'en reste pas moins qu'il doit s'en détourner à tout prix. Pour lui « changer les idées », encouragez-le en lui fournissant divers jouets quand il est dans la maison ou laissez-le passer plus de temps à l'extérieur. Faites en sorte que les câbles soient tout à fait inaccessibles et les autres fils électriques, aussi peu appétissants que possible en les enduisant d'huile d'eucalyptus – et débranchez-les de la conduite maîtresse quand vous ne les utilisez pas.

C'est l'heure du repas

Le repas est le moment où votre chat se montre le plus réceptif à votre influence. Faites-en une occasion d'apprentissage, aussi bien qu'une démonstration de vos bonnes dispositions à son endroit. Après tout, vous lui donnez à manger, quoi de plus idéal pour renforcer vos liens ! Les behavioristes conseillent, quand vous adoptez un nouveau chat ou un chaton, de lui servir de petites et fréquentes portions, en l'appelant chaque fois et en le laissant vous encourager à lui donner à manger. Plus tard, vous aurez le choix de le nourrir moins fréquemment ou de le laisser manger à son rythme et à sa convenance.

Remarquez que les pupilles de votre chat sont dilatées par l'excitation quand vous remplissez son plat : ce dernier se mettra à miauler ou à ronronner ; il enroulera sa queue autour de vos jambes et se frottera contre vous, comme lorsqu'il essayait d'encourager sa mère à lui donner la proie qu'elle avait capturée.

Un chat qui semble avoir perdu l'appétit doit être examiné. De la maladie à un mauvais état des dents, une foule de causes peuvent expliquer la baisse d'intérêt pour la nourriture. Surveillez attentivement son comportement : s'il manifeste de l'intérêt quand vous remplissez son bol, mais qu'il s'arrête de manger après quelques bouchées, cela peut signifier que ses dents ou ses gencives sont malades et que le plaisir de la nourriture ne peut lui faire oublier la douleur ressentie. De nos jours, les vétérinaires ont conçu des techniques sophistiquées pour résoudre les problèmes de dents. Si une chirurgie s'impose, il n'y a plus de raison d'hésiter. Sur place, on vous conseillera sur les modifications alimentaires devant améliorer à sa fois la santé générale de votre chat et celle de ses dents. Tout comme les personnes, les chats à problèmes ne naissent pas ainsi mais ils le deviennent. Au lieu d'essayer de s'en tenir à une alimentation équilibrée, sous faisons l'erreur de céder à leur envie de certains aliments, de sorte qu'il est souvent difficile d'inciter un chat devenu dépendant, par exemple du poisson, à manger autre chose. Pour amadouer son palais, quand vous changerez sa nourriture ou quand vous voudrez le sevrer de certaines saveurs, essayez de mélanger un peu de la nouvelle sorte à l'ancienne en augmentant progressivement la proportion. L'emploi de ce stratagème permettra au chat de s'habituer à la nouvelle saveur, sans oublier que son système s'adaptera d'autant mieux à la nouvelle alimentation. Les vétérinaires ont observé que, presque toujours, les chats finissent par manger ce qu'on leur offre après trois jours d'essai, alors persistez au moins jusque-là si vous essayez de lui donner une alimentation plus saine.

Après un accident ou une blessure, les chats perdent leur appétit. Quand cela arrive, il est important de les amener à se réalimenter pour que leur organisme reprenne des forces par lui-même, pour garder ses fonctions vitales actives sans que ce soit aux dépens de ses tissus ou de sa masse musculaire. La nourriture servie à la température du corps libère des arômes qui incitent le chat à en chercher la provenance. Les petits morceaux de foie, parce qu'ils dégagent une forte odeur lorsqu'ils sont cuits, raniment souvent l'intérêt pour la nourriture. Les bocaux de nourriture pour bébé s'avèrent aussi utiles, surtout après une opération : le chat peut laper sans difficulté les aliments en purée et trouver l'odeur appétissante. Quand il se porte mal, il faut lui manifester plus que jamais des attentions pleines de tendresse. Pendant que vous lui servez son repas, parlez-lui pour l'encourager. Assurez-vous de remplacer par de la nourriture fraîche celle qu'il n'a pas mangée – les chats sont très sensibles à l'odeur de la nourriture rance et s'en détournent instantanément.

On croit généralement que les chats aiment le lait et même qu'ils en ont besoin – mais quand on y pense bien, il est plutôt exceptionnel de voir des animaux adultes boire le lait d'autres espèces. La plupart des animaux n'ont aucune chance de profiter de ce généreux liquide après le sevrage du lait maternel. C'est pour cette raison qu'une fois le sevrage terminé, l'enzyme qui sert à digérer le lait n'est pas produite dans l'estomac. Alors que beaucoup de chats n'ont aucun problème à boire du lait à l'âge adulte, chez d'autres, son usage cause vraiment des dérangements, parce que le lait non digéré passe dans le gros intestin et fermente, produisant des gaz et de la diarrhée. Les vétérinaires déconseillent de plus le lait aux chats adultes. Si ces derniers ont un régime alimentaire équilibré, il est inutile de leur donner ce supplément de calcium, et l'eau satisfait parfaitement leur besoin en liquide.

Les problèmes reliés au brossage

Beaucoup de chats à poil long sont rébarbatifs au brossage et découvrent vite l'efficacité de leurs griffes pour s'y soustraire. Évidemment, vous aurez de meilleures chances de les y habituer si vous les brossez fréquemment et en douceur quand ils sont encore de tout petits chatons. Les maîtres doivent s'ingénier à faire du brossage une activité gratifiante plutôt qu'une bataille. Choisissez une friandise à laquelle le chat ne peut résister (en général, avec les crevettes vous ne vous trompez pas !), mettez-en un petit peu sur le bout de votre doigt et présentez-le-lui. Pendant qu'il se concentre sur la friandise et qu'il lèche votre doigt, brossez-le de votre autre main. Ajoutez un autre morceau de crevette et brossez un peu plus. Si la brosse rencontre des touffes de poils, coupez-les avec un ciseau à bout arrondi ou, si elles ne sont pas trop denses, brossez en partant du haut du poil en descendant doucement. Ne tirez surtout pas, l'expérience doit être agréable. Procédez très lentement et avec patience. Continuez tant que le chat se montre intéressé à la friandise et arrêtez si vous sentez une réaction négative. Laissez-le un moment puis essayez de nouveau quand il est calme. Associez le brossage avec la nourriture, la chaleur, les félicitations et l'attention. Si le poil est très emmêlé, il se peut que vous deviez le conduire chez le vétérinaire. On lui fera subir une légère anesthésie afin de raser ou de couper les touffes récalcitrantes. Puis, de retour à la maison, même s'il est rasé, reprenez en douceur le brossage en l'associant toujours à la nourriture. Comme il n'y aura pas d'enchevêtrements de poils, il vous sera facile de le brosser avec douceur. Faites en sorte qu'il soit excité par l'idée de la nourriture dès qu'il voit le peigne (de préférence un peigne en métal avec de grosses dents). Mieux vaut prévenir que guérir!

Si toutes ces manœuvres échouent, procurez-vous une muselière pour chat. Cette dernière ressemble en réalité davantage à ce qui est utilisé pour calmer les oiseaux de proie, ou aux œillères pour les chevaux, qu'à la traditionnelle muselière des chiens, et elle est faite d'une matière moins rude. Le chat, habituellement, devient moins agité, s'étend sur la table et tolère plus facilement d'être manipulé et brossé.

À l'opposé du chat qui n'aime pas le brossage, le problème du chat qui se toilette avec trop d'ardeur n'est pas très courant. On le voit par contre plus souvent chez les races de chats qui sont d'un naturel tendu, comme les siamois, mais tous les chats, y compris les chats de gouttière, sont susceptibles d'en souffrir. Les chats se toilettent eux-mêmes d'abord pour garder leur robe propre et imperméabilisée, et ensuite, par réflexe, quand ils sont perturbés. Ils peuvent alors se lécher jusqu'à en arracher leurs poils et abîmer leur peau. On pense que par ce comportement dirigé contre eux-mêmes les chats sont à la recherche d'une relaxation accrue. Dans certains cas, le comportement revient de temps en temps, même quand le chat ne semble pas anxieux ; c'est qu'il préfère se détendre ainsi plutôt que de s'ennuyer. Chez d'autres, le comportement est sporadique et se produit davantage en réaction à des formes de stress, comme le fait d'être séparé de son maître ou des autres chats de la maison. Si le comportement est relativement permanent, on peut conclure que le chat est incapable d'affronter les tensions de son style de vie, ou encore qu'il est soumis à une pression excessive dans son environnement ou dans son groupe social. Peu importe, dans les deux cas, il est évident que le chat n'arrive pas à composer avec sa réalité. On peut penser aussi à une mésentente avec un congénère vivant sous le même toit ; dans certains cas, plutôt extrêmes, le seul fait de vivre avec d'autres chats déclencherait une telle réaction. S'il s'agit d'une mésentente, on peut le vérifier en isolant l'offensé pendant deux ou trois semaines pour voir si le comportement continue. Il ne faudra pas se surprendre d'une aggravation possible de son état, laquelle serait conséquente à l'isolation elle-même. Découvrir la cause du stress est de toute évidence essentiel au traitement.

Les vacances

Beaucoup de gens qui ont un animal de compagnie partent en vacances avec des sentiments partagés. D'une part, ils sont soulagés à l'idée de laisser derrière eux, pour quelques semaines, le stress du bureau et de la maison. En même temps, ils éprouvent de l'inquiétude et de la tristesse parce qu'ils devront laisser leur compagnon chéri dans une garderie. Certains se privent tout simplement de vacances pour cette raison, tandis que d'autres ne vont que dans des endroits où ils peuvent amener leur chat. Cette dernière option peut présenter des difficultés de tous ordres, à moins que le chat aime voyager et ne répugne pas à rester dans un hôtel (peu d'établissements acceptent les chats), une caravane ou une résidence secondaire pour la période des vacances. Même s'il s'agit d'un chat accommodant, il y a inévitablement l'inquiétude qu'il puisse se perdre ou vagabonder, et les maîtres doivent le munir d'une étiquette avec les numéros de téléphone de l'endroit où ils sont en vacances et de la maison.

Certains partent en vacances avec leur chat chaque année sans aucun problème mais, pour la plupart d'entre nous, savoir notre chat dans une garderie sûre, propre et bien administrée est encore la meilleure solution. Si vous la choisissez avec soin et allez l'inspecter vous-même, vous pourrez partir la conscience tranquille et le cœur léger. Il y a peut-être plusieurs garderies dans votre région, auquel cas il vaut mieux visiter chacune d'elles en demandant d'y jeter un coup d'œil – si on refuse, allez ailleurs. Les propriétaires d'une garderie bien tenue où les chats sont heureux se feront un plaisir de vous montrer leur aménagement.

Voici quelques points à vérifier :

- Une apparence générale d'ordre et de propreté.
- Il ne devrait pas y avoir d'odeurs.
- Les chats devraient avoir l'air en santé et heureux.
- Les chats devraient être logés dans des unités indépendantes (sauf pour ceux d'une même maison). Les chats amenés par différents propriétaires ne devraient pas avoir de contacts. Il est essentiel d'avoir entre les cages ce qu'on appelle une « barrière d'éternuement » – souvent faite de *perspex* – ou bien un espace convenable.

Bien plus, les pensionnaires ne doivent pas se retrouver ensemble dans n'importe quel lieu commun. Cela est très stressant pour eux et favorise la contamination en cas de maladie.

- Chaque unité devrait compter un coin pour dormir, un élément chauffant et une piste extérieure donnant au chat l'occasion de se promener.
- Chaque chat devrait disposer de sa propre litière et de son propre bol et les avoir à sa portée durant toute la durée du séjour.
- L'unité devrait être munie d'un « passage de sécurité » ou de doubles portes pour éviter que les chats s'échappent en douce.
- On devrait vous demander de présenter un certificat du vétérinaire attestant que les vaccins de votre chat sont encore effectifs.
- On devrait s'enquérir des habitudes alimentaires de votre chat, de ses maladies par exemple, et demander votre consentement écrit pour tout traitement vétérinaire s'avérant nécessaire en votre absence.
- Un chat à poil long devrait être brossé (vous pouvez avoir à débourser pour ce service) pendant son séjour à la garderie.

Une fois que vous aurez trouvé une bonne garderie, vous ne voudrez aller nulle part ailleurs et pourrez aussi juger du délai pour réserver votre place. Après avoir laissé votre chat entre bonnes mains, il vous sera plus facile de profiter pleinement de vos vacances. La plupart des chats se font assez rapidement à la nouvelle routine et s'adaptent très bien – de fait, c'est presque une insulte personnelle de constater à notre retour que le chat s'y trouvait plutôt bien, merci beaucoup !

Si vous devez vous absenter seulement pour une courte période, il est probablement préférable de demander à des voisins ou à des amis de venir à la maison quelques fois par jour pour nourrir votre chat et vérifier que tout va bien. Cette façon de faire a bien des chances de fonctionner parce qu'ainsi, le chat n'est pas déraciné; malgré votre absence, il continue à vivre à ses aises dans son environnement habituel. Si ces personnes ne sont pas fiables, ou si vous devez partir pour une semaine ou plus, la meilleure solution pour vous assurer que le chat ait l'attention et la compagnie nécessaires est d'inviter un gardien ou une gardienne de chat à domicile. Si vous ne pouvez avoir un ami disponible pour remplir ce rôle, de nombreuses compagnies offrent un service de gardiennage de chats; elles annoncent leurs services dans les publications spécialisées sur les chats ou les animaux. Il est évident qu'en ce cas, pour des raisons de sécurité, vous devriez faire les vérifications qui s'imposent, en exigeant des références ou en parlant à leurs clients précédents. Finalement, ce peut être une option à considérer si le chat refuse catégoriquement de passer du temps en garderie.

Les présentations

La plupart des chats acceptent sans trop de difficulté l'arrivée d'un nouveau congénère dans la maison. Avoir de nombreux contacts quand ils sont petits amène les chats à développer le langage social nécessaire pour rencontrer d'autres chats plus tard, ou vivre avec d'autres chats, et cette aptitude est souvent acquise pour la vie. Ceux qui n'ont pas bénéficié de cette première expérience sont moins bien outillés, une fois devenus adultes, pour composer avec la présence de leurs semblables. Le mieux que vous puissiez espérer dans ces cas-là est une relation de tolérance, et même un peu distante, plutôt que celle pleine d'amour – et du genre on-se-roule-en-boule-devant-le-foyer. L'autre facteur d'une insertion réussie, que vous êtes à même de contrôler, est la manière de faire les présentations. Les premières impressions sont souvent marquantes, aussi est-il essentiel que la rencontre se fasse par étapes.

Comme l'odorat joue un rôle essentiel, il serait bon, avant la rencontre, de mêler les odeurs, en caressant un chat puis l'autre, et ce, pendant plusieurs jours. Il est important de présenter le nouveau venu à tous les résidants de la maison, de même qu'aux visiteurs réguliers de la famille, en exerçant un contrôle adéquat. Il faut éviter que quelque chose l'effraie pendant qu'il apprivoise son nouveau monde. La meilleure façon d'y parvenir est de mettre le chat ou le chaton dans sa cage ou dans son panier à l'intérieur de la maison (quand il n'y a pas de surveillance) – pour quelques jours ou, à défaut, dans sa cage pendant que se déroulent les présentations. Protégé par les barreaux de son abri, il pourra à la fois voir librement à l'extérieur et détailler à son aise ceux qui partageront sa vie, se familiarisant ainsi avec le comportement de chacun. Enfermer le chat permet de prévenir une fugue possible, dans un moment de panique, et d'éviter le déclenchement d'une poursuite par les autres chats et chiens. Pour partir du bon pied, il vaut mieux faire les choses dans le plus grand calme possible. Quand les autres animaux résidants ou les jeunes enfants font leurs premières approches, pas nécessairement amicales ou délicates, la cage sert aussi de protection à son occupant. Elle devrait être installée dans un endroit très passant, comme le salon ou la cuisine, de sorte que le chaton ou le chat, placé constamment au milieu des activités, s'habitue aux bruits et à l'agitation de la maison.

Attendez-vous à quelques « grossièretés » échangées entre les chats qui se rencontrent pour la première fois. Au lieu de dramatiser, soyez tenace, puisque ordinairement tout rentre dans l'ordre très rapidement, pourvu que vous n'ayez pas laissé l'excitation ou la chasse devenir incontrôlables. Une bonne idée est de nourrir simultanément les chats résidants à l'extérieur de la cage et le nouveau venu qui prendra son repas à l'intérieur de son abri. Ce geste partagé les aidera à se rapprocher progressivement. Quand ils arrivent au point de manger et de se relaxer dans la même pièce, essayez prudemment de les faire se rencontrer en dehors de la cage. Cela ne pose habituellement pas de problème avec un nouveau chaton parce que le chat de la maison ne va pas le voir encore comme un rival; faire les présentations de deux chats plus âgés requiert un peu plus de patience. Encore là, essayez, lors des premières rencontres en liberté, de les distraire avec de la nourriture.

Sortez souvent le nouveau chat de la cage pour lui permettre d'explorer et de jouer seul. Graduellement et assidûment, accordez-lui plus de moments de liberté sans surveillance dans une pièce, et mettez-le en contact avec les autres animaux quand vous jugez que ceux-ci semblent tolérer l'envahisseur. Puis, permettez-lui l'accès au reste de la maison, une pièce à la fois. Toutefois, surveillez ses quelques premières explorations, de sorte qu'il ait l'opportunité de se familiariser avec la géographie des lieux sans trop d'entrave. Assurez-vous que chacune des pièces dispose de plusieurs issues possibles, de refuges sous les meubles, et de surfaces en hauteur pour que le chat puisse y sauter et se rassurer si la situation devenait alarmante. Cet aspect est particulièrement important si vous avez dans la maison un chien curieux. Une fois que le chat est bien intégré et qu'il ne requiert pas d'autre contrôle pour ses sorties, remplacez la cage par un lit de chat, normal et douillet.

Les comportements juvéniles

La raison même pour laquelle nous aimons nos chats, c'est-à-dire leur aptitude à se relaxer et à se comporter avec nous comme des chatons, peut susciter de l'anxiété chez certains maîtres. Certains chats ne vieillissent tout simplement pas et ne deviennent jamais indépendants. La plupart des chats de compagnie passent aisément d'un mode à l'autre, manifestant un comportement de chatons avec nous, puis redevenant des chasseurs habiles et solitaires une fois dehors. Cependant, quelques-uns demeurent toujours dépendants de leur maître, qu'ils continuent à téter et à pétrir comme ils le faisaient quand ils étaient chatons, et sont incapables de se débrouiller sans lui. Au début, vous pouvez être attendri par le comportement du chaton qui bave et qui tète à qui mieux mieux dans votre cou. Cependant, cela peut devenir passablement agaçant et même embarrassant, surtout s'il le fait en vous laissant des marques rouges. Voilà une des habitudes que les maîtres ont le plus de difficulté à enrayer, parce qu'ils doivent nécessairement éloigner les chats d'eux pour éviter de subir ce comportement. Ils craignent habituellement d'être cruels et se sentent très coupables de repousser ainsi leur chat ou leur chaton, mais il n'y a aucune autre solution. Les chattes font de même pour rendre leur progéniture indépendante et capable d'affronter en solo le vaste et méchant monde.

Les maîtres ne doivent pas acquiescer à de telles demandes du chat. Il ne s'agit pas de donner moins d'amour et d'attention, mais simplement que cela se fasse plutôt sous l'initiative et le contrôle du maître, et non pas du chat. Bientôt, celui-ci accédera à son indépendance et il sera à même d'apprécier sa relation nouvelle, plus affranchie et adulte. Il ne sera pas cependant exempt de rechutes dans le monde de l'enfance, comme cela arrive à tous nos chats, mais la situation devrait aller s'amoindrissant.

Quand chaton devient-il un chat ?

Nous adorons nos chats quand ils sont petits – on ne peut s'empêcher de s'émerveiller devant leurs pitreries. Mais un chaton grandit vite : entre six et huit semaines, il atteint l'âge équivalant à un enfant de dix-huit mois. À son premier anniversaire, il est rendu au stade d'un jeune humain de quinze ans. La comparaison est juste puisqu'une chatte aura probablement eu à cet âge sa première saison et, si elle n'est pas châtrée, sera en mesure d'avoir des chatons.

À l'âge de deux ans, un chat peut être considéré au même stade qu'une personne de vingt-quatre ans et alors chaque année supplémentaire équivaudra à quatre années de vie humaine. Il vit en moyenne jusqu'à douze ans, ce qui lui donne soixante-quatre ans d'âge en termes de vie humaine. Par ailleurs, une durée de vie de vingt ans (quatre-vingt-seize ans) est de moins en moins rare. Cette méthode de calcul pour les âges équivalents est plus précise que la tranche de sept ans communément utilisée.

La litière

Le chiffre d'affaires de l'industrie des litières de chat s'élève à plus de 90 millions de dollars américains par année – plutôt remarquable quand on considère que la majorité des chats n'utilisent probablement plus la litière une fois qu'ils vont dehors, sauf s'ils sont en pension dans une garderie ou s'ils sont confinés à l'intérieur pour un traitement vétérinaire. En effet, l'une des raisons qui font que le chat est un animal de compagnie si commode est son habitude de creuser la terre dans le jardin pour y enfouir ses excréments et les recouvrir avec soin. Mais pour les chats qui vivent constamment à l'intérieur, ou ceux qui passent la nuit dans la maison ou ne sortent qu'en laisse, un bac rempli de litière fraîche adéquate s'impose afin d'offrir aux plus pointilleux de nos animaux de compagnie un endroit propre où faire leurs besoins. Alors qu'il faut aux jeunes chiots souvent plusieurs semaines d'un entraînement suivi pour apprendre à ne pas salir les lieux où nous vivons, les jeunes chatons arrivent dans leur nouveau foyer avec des habitudes de propreté déjà complètement acquises. Tout ce que nous avons à faire, c'est leur fournir un bac contenant de la litière qui peut être ratissée, et ils l'utilisent. Vu qu'avant l'âge de deux ou trois semaines, le chaton ne peut uriner ou déféquer sans que sa mère stimule son anus et la région génitale, il stimule le processus par ses propres mouvements en explorant ce qui lui rappelle le nid maternel. À la condition que cette matière, facile à creuser, soit à sa portée, il apprendra vite par lui-même à l'utiliser à bon escient. Évidemment, il lui arrivera de jouer avec le contenu de la litière et de disperser des granules un peu partout autour du bac et, éventuellement d'en manger. Dès son tout jeune âge, malgré ses extravagances, il fait lui-même l'apprentissage de la propreté. Cet entraînement lui servira toute sa vie.

Leurs ancêtres ayant évolué dans des conditions semi-désertiques, il n'est pas étonnant que les chats, comme l'ont démontré les études, préfèrent une matière fine en guise de litière. Tandis que le sable est idéal, et une terre fine parfaitement adéquate, les différentes sortes de litières modernes produites commercialement conviennent à presque tous les chats. Il en existe trois principales sortes : la terre *Fuller* à base d'argile, faite habituellement d'une matière granuleuse gris pâle et probablement la plus populaire, en termes de quantité achetée. Une autre sorte vite devenue populaire à cause de son poids léger et de ses qualités de rétention des odeurs est constituée de boulettes d'éclats de bois souvent parfumées aux senteurs de pin pour masquer les odeurs de chat dans la pièce. On a aussi les litières d'argile de grains fins qui s'agglomèrent. Elles sont réputées pour durer longtemps, à condition que les paquets massifs de déjections soient enlevés régulièrement pour que le reste de la litière demeure fraîche dans le bac. Sur le plan des préférences, on a démontré que, s'ils ont le choix, les chats optent pour les litières dont les grains sont les plus fins, mais la grande majorité utilisera sans distinction la sorte qu'on mettra à sa disposition. Cependant, si jamais des problèmes reliés à la propreté surgissent, lui procurer une litière de grains fins ou de sable est souvent suffisant pour persuader le chat de reprendre ses bonnes habitudes. Certains chats utiliseront avec bonheur du papier journal déchiré dans un bac – bien que ce ne soit pas un choix très sage. Si votre chat trouve avant vous votre journal du matin dans l'entrée, vous pourriez découvrir qu'il a laissé un petit commentaire sur votre choix de lecture.

Il est important de se rappeler que l'odeur de l'urine et des selles est souvent utilisée pour transmettre des messages. Après avoir uriné ou déféqué, un chat va ratisser et recouvrir ce qu'il a fait, s'arrêtant souvent ici et là pour sentir la zone « visitée » et s'assurer lui-même d'avoir éliminé de son dépôt une quantité d'odeur suffisante. Dans une terre ou une litière sèche, il peut ratisser fréquemment et s'efforcer d'enterrer plus profondément ses excréments, tandis que dans un contenu plus lourd et plus humide, un recouvrement superficiel peut suffire. Dans une maison où il y a plusieurs chats, celui qui est timide cherchera peut-être à éviter d'attirer l'attention sur lui en recouvrant le tout au maximum, alors qu'un chat qui essaie d'augmenter sa confiance en lui ou qui a l'intention de marquer sa domination sur les autres recouvrira seulement son dépôt d'une mince couche de litière, ou ne le couvrira pas du tout. Il vaut vraiment la peine de noter ces niveaux de langage chez les chats, pas tant en rapport avec l'entraînement, qui est déjà bien réglé, mais pour déceler éventuellement certains signes d'un problème de comportement. L'analyse de l'utilisation ou de l'absence d'utilisation de la litière et la nature des messages laissés peut aider beaucoup au diagnostic et au traitement.

Déménager

Le temps du déménagement peut s'avérer très traumatisant pour les chats comme pour leurs maîtres. Ceux-ci s'inquiètent beaucoup de la façon dont le chat vivra cette expérience et se demandent comment s'assurer qu'il ne va pas s'enfuir et se perdre dans son nouvel environnement ou, si la distance n'est pas grande entre les deux maisons, s'il ne retournera pas à l'ancienne plutôt que d'accepter son nouveau foyer. En effet, cela arrive et, comme les chats sont attachés autant à leur territoire qu'à leur maître, ils retournent parfois sur les lieux précédents et tentent de vivre avec les nouvelles personnes qui y habitent. Il y a certaines choses que le maître peut faire pour aider le chat à passer l'épreuve du déménagement et à se sentir à l'aise dans sa nouvelle maison.

Avant de commencer à emballer les choses et à enlever les rideaux, il serait bon de confier les chats particulièrement nerveux à une garderie sympathique, et de ne pas les introduire dans leur nouvelle demeure avant que l'installation soit complétée. Les chats habitués à aller à l'extérieur et qui ont une grande expérience des changements affrontent mieux la situation en général mais devraient néanmoins être gardés à l'intérieur de la nouvelle maison pendant une semaine ou deux, le temps d'apprendre la géographie des lieux et les odeurs de la nouvelle base de leurs activités. Quand finalement le chat sort pour explorer son nouveau territoire extérieur et faire sa place (temporairement ou partiellement) au milieu des chats du voisinage, il est préférable qu'il ait le ventre vide. S'il a été privé de nourriture pendant à peu près douze heures, il ne s'éloignera pas trop et répondra sans hésiter aux appels ou au bruit que fait le plat qui annonce « le dîner est prêt ». Accompagner le chat dans ses premières excursions vers l'inconnu ne peut nuire, mais les instincts d'adaptation et de survie du chat le servent habituellement très bien et, en peu de temps, il adoptera un style de vie et des habitudes semblables à celles qu'il aimait dans son ancien environnement.

Si la nouvelle maison se trouve à quelques coins de rue seulement de l'ancienne, il est fort probable qu'au cours de ses explorations le chat croise des chemins familiers. Il « retournera à la maison » tout simplement en empruntant le parcours qui lui est familier et aura l'air égaré à son arrivée, découvrant que tout a changé. Le lien avec la nouvelle demeure n'est simplement pas encore suffisamment établi pour inciter ce genre de chat à y rester. Par inadvertance, certains sont aussi encouragés par les occupants de l'ancienne maison qui les nourrissent, honorés de l'arrivée de ce chat confiant entré par la chatière et de sa volonté de s'installer avec eux. Mais, même quand les nouveaux occupants ont été avertis et font le nécessaire pour le dissuader de rester, le mettant carrément à la porte ou lui lançant de l'eau tout en se montrant déplaisants, l'attachement à son ancien territoire peut persister. Le chat continuera d'y retourner et ne reviendra à sa nouvelle maison que si ses maîtres vont le chercher ou si ceux de l'ancienne maison le prennent et vont le leur remettre. Les deux parties peuvent se lasser de ces allers-retours, particulièrement dans les cas exceptionnels où les chats retournent à l'ancienne maison située à plusieurs kilomètres de distance.

La première chose à faire est de s'assurer que les nouveaux occupants de celle-ci font tout pour le décourager en le chassant et en lui lançant de l'eau, ne s'attardent jamais pour le saluer ou pour lui faire sentir qu'ils sont tristes pour lui. On peut demander aux voisins, même ceux qui étaient les amis du chat, d'agir de la même façon. Il faudra le garder à l'intérieur de votre nouvelle maison environ un mois, mais s'il continue à retourner à l'ancienne demeure, ne le ramenez jamais chez vous par un chemin direct. Faites plutôt le plus grand détour possible en partant dans une direction totalement opposée et conduisez, si vous avez cette possibilité, pendant plusieurs kilomètres avant de faire demi-tour et de revenir. En dernier recours, considérez la solution de quelques semaines dans une garderie située le plus loin possible des deux demeures, l'ancienne et la nouvelle, afin d'effacer de sa mémoire le réflexe de retourner à l'ancienne maison. Mais une fois revenu enfin chez vous, la méthode des petits goûters fréquents offerts avec beaucoup d'amour et d'attention devrait aider à créer les nouveaux liens. Encore une fois, le chat doit rester à jeun pendant un minimum de douze heures avant de sortir et il n'a alors droit qu'à une seule sortie par jour, d'une durée maximum de trente minutes. Quand il rentre, on lui sert sans tarder un goûter pour qu'il valorise le fait de revenir à la maison.

L'objectif est de faire en sorte que le chat en vienne à percevoir la nouvelle maison comme étant le centre de son nouveau territoire et l'endroit où il trouve nourriture et abri (contrairement à l'ancienne maison, où ces choses lui sont refusées). Cela peut prendre des semaines et dans certains cas des mois avant que vous puissiez laisser le chat sortir sans surveillance. En conclusion: pour le bien de votre chat, il vaut mieux ne jamais déménager dans une nouvelle maison située à moins de 8 kilomètres de l'ancienne.

Si tout le reste a échoué, demandez aux nouveaux propriétaires de votre maison précédente ou à leurs voisins d'adopter le chat de façon permanente.

Pour le chat vivant en permanence à l'intérieur, l'effet du déménagement est dramatique dans la mesure où cela signifie un changement complet de territoire personnel. Il peut se sentir totalement vulnérable dans sa nouvelle maison. L'introduction lente et prudente, une pièce à la fois, et un redoublement d'attentions vont amener la plupart des chats à surmonter en quelques jours le stress d'un tel bouleversement. Les efforts valent le coup, mais la plupart des maîtres s'accordent à dire qu'il y a des limites à ne pas dépasser. Edward Lear était si dévoué envers son chat Foss que lorsqu'il a décidé de déménager, il a fait construire une exacte réplique de son ancienne villa pour que le chat ne soit pas trop perturbé par le déménagement.

Nervosité et phobies

Le chat, comme tout autre animal, est né avec la capacité de relever des défis et de se protéger contre les dangers qui menacent sa vie. Ses réponses aux situations périlleuses se distinguent aisément de ses façons habituelles de se comporter. La réaction, une fois déclenchée, est génétiquement programmée, et même les jeunes chatons, quand ils sont alertés par un bruit fort ou qu'il se passe quelque chose d'inhabituel et de soudain, vont arquer le dos, hérisser leur fourrure et rabattre leurs oreilles. Pendant les premières semaines, le chaton, comme tous les autres mammifères, se réfugie immédiatement auprès de sa mère après avoir sursauté, si elle n'est pas déjà intervenue. Graduellement, le chaton s'habitue aux bruits ou aux activités de la vie de tous les jours dans la maison, particulièrement si rien de néfaste ou de blessant physiquement n'y est associé. Autrement dit, à mesure qu'il grandit, le chaton apprend à s'adapter et à réagir calmement à la plupart des choses qui arrivent. La majorité des chats finissent par être à la hauteur dans la plupart des situations qui se présentent. Confiants dans leur façon de faire leur chemin à l'école féline de la vie, ils deviennent de bons animaux de compagnie.

Pour d'autres, la vie n'est qu'une longue expérience terrifiante. Ils évitent toute forme de défi et se dissimulent à l'abri des regards dans un coin sombre ou derrière le sofa. Le moindre petit bruit, le moindre mouvement, et les voilà qui s'enfuient aussitôt ! Comme ils n'affrontent jamais ce qui leur fait peur, ils n'apprennent donc pas à faire face aux événements, même les plus inoffensifs. Les chats anxieux ont une façon d'avancer, en se tapissant, la queue basse, avec des mouvements lents vers des endroits abrités, par exemple sous la table ou dans un coin. De là, plusieurs vont faire le guet, toujours ramassés sur eux-mêmes, les pupilles dilatées par la peur, essayant de voir ce qui se passe, mais évitant d'attirer l'attention. Après avoir trouvé un endroit sûr où se réfugier, ces chats malades d'anxiété éviteront d'affronter tout défi et resteront couchés, espérant que la menace disparaisse d'elle-même. En période de crise, certains apprennent même à se cacher sous les couvertures du lit, usant en quelque sorte du bon vieux truc consistant à « se mettre la tête dans le sable », ou à faire l'autruche, pour fuir ce qui nous inquiète. D'autres semblent repliés sur eux-mêmes et n'en finissent plus d'attendre encore et encore avant de se décider à sortir et à aller jeter un coup d'œil dans les zones ouvertes de la maison. Peu importe l'attitude choisie, il est clair que les chats sont bouleversés, et leurs maîtres le deviennent tout autant, surtout si leurs protégés réagissent ainsi à la suite d'événements anodins et normaux et s'ils semblent ne jamais adhérer à la vie, et encore moins, y prendre plaisir. Les preuves de leur désarroi sont évidentes, bien que, dans ces moments-là, il soit difficile de les réconforter sans accroître leur anxiété. En effet, notre sollicitude inquiète risque d'accentuer leur attention sur le malaise qu'ils ressentent et ils ne comprendront pas que nos efforts ont pour but de les aider. Si vous en faites trop, dans une dernière tentative de se défendre et ne voyant pas d'autre issue, ils peuvent s'en prendre à vous violemment. En conséquence, leur seuil de tolérance peut devenir inversement proportionnel à leur extrême nervosité. De toute évidence, ces chats ne jouissent pas totalement de la vie et si le problème n'est pas traité, la situation ira en empirant.

Les chatons élevés par des mères inexpérimentées ou incompétentes encourent plus de risques de se montrer eux-mêmes incapables d'affronter le changement, comme c'est le cas, en effet, pour ceux qui ont été moins exposés aux défis dans les premières semaines de leur vie. Quand un chat manifeste une nervosité générale, c'est souvent parce qu'il n'arrive pas à relever les multiples défis qui se présentent à lui, car ses expériences de chaton, largement insuffisantes, ne l'y ont pas préparé. Cependant, nous pouvons combler cette lacune en lui fournissant des occasions d'apprendre à affronter la vie en l'exposant graduellement à des expériences contrôlées et sans danger.

Néanmoins, dans de tels cas, il est irréaliste de croire qu'on réussira à en faire un chat totalement sûr de ses moyens et « normal » : peu importent nos efforts, il y aura toujours des choses qu'il aurait dû apprivoiser étant tout petit. Par exemple, il est rare que des chatons élevés avec des chiots, ou même avec des chiens adultes, réagissent plus tard nerveusement quand les chiens les approchent pour jouer. À l'opposé, le chat adulte qui n'a pas eu préalablement l'expérience des chiens ne sera probablement jamais détendu face à leurs avances et en général, il battra aussitôt en retraite. Certains chats plus âgés peuvent apprendre à vivre avec un chien, mais l'entreprise exige une patience hors du commun de la part du maître ; la plupart vont tout juste le tolérer et ne développeront aucune autre interaction sociale avec les chiens.

Vous pouvez, cependant, augmenter la confiance de bon nombre de chats nerveux en leur fournissant un nouveau cocon bien à eux (un enclos pour chaton est idéal) que vous placerez dans la pièce centrale de la maison, en plein cœur des activités principales. De cette façon, la vie normale de la famille se poursuivra comme d'habitude autour du chat maintenant protégé des dangers physiques par l'enclos. Plus important, cela évite que le chat puisse s'enfuir et se soustraire aux défis que posent le va-et-vient des membres de la famille, la visite des étrangers, les bruits de la télé ou ceux des meubles qu'on déplace autour de lui. Ainsi, il n'a pas le choix de faire face à son environnement et d'interpréter ce qui s'y passe. Pour ainsi dire, le chat est protégé « dans une bulle » chaleureuse, où il reçoit tout ce qui lui est nécessaire : la nourriture, l'eau et la litière. En sus, il a l'occasion de s'habituer à tout ce qui l'effrayait auparavant et le faisait fuir.

Il n'est pas exclu de traiter certains des cas sévères avec une médication qui leur permettra d'apprendre à apprivoiser la nouveauté sans que la panique s'empare d'eux. Bien entendu, tout traitement de ce genre doit se faire sous le contrôle d'un vétérinaire.

Agoraphobie

L'agoraphobie est la phobie des espaces libres, le plus souvent à l'extérieur, mais aussi à l'intérieur d'une pièce. Heureusement, elle se manifeste assez rarement chez les chats.

Quand on la rencontre, le problème peut venir du fait que le chat n'est pas suffisamment allé à l'extérieur durant son jeune âge, ou que cette expérience a trop tardé. Par conséquent, elle n'a pas coïncidé avec la phase exploratoire du développement qui suit le sevrage. Dans la majorité des cas, l'agoraphobie chez le chat se manifeste par le refus catégorique de sortir faute de confiance. Le plus souvent, elle résulte d'un incident traumatisant isolé, par exemple une querelle de territoire avec un rival, parfois même à l'intérieur de la maison. Il peut y avoir d'autres causes comme une restriction de l'accès à la maison pendant la construction d'une rallonge ou d'un garage, une rencontre fortuite avec un chien errant ou le fait d'avoir échappé de justesse à un accident d'auto. Étant donné que le chat peut rencontrer le rival chaque fois qu'il veut aller dehors, sa réticence augmente progressivement. Il peut perdre la capacité d'affronter l'extérieur pour des bruits aussi insignifiants que le bruissement des feuilles ou celui d'une voiture, et ce, même si le rival n'est pas dans les parages. De façon typique, la gravité de la réaction du chat apparaît dans toutes les situations, même les jours où il ne se passe rien et qu'il n'y a pas l'ombre du bout de la queue d'un chat en vue. Il sera en plein désarroi si on le force à sortir et il faudra beaucoup de temps avant qu'il ne retrouve le goût d'aller dehors comme avant.

Le traitement pour les chats agoraphobes est similaire à celui utilisé pour les autres formes de nervosité. Il consiste en une désensibilisation systématique aux stimuli par l'exposition contrôlée au monde extérieur, soit en utilisant sa cage ou, mieux, un large enclos sécuritaire dans lequel le chat pourra sans danger passer une partie de sa journée dehors. Il est préférable d'attendre que la cause du problème soit éliminée avant d'appliquer ce genre de traitement. Ce qui peut vouloir dire attendre que les travaux de construction soient complétés ou même conclure des arrangements avec le propriétaire du rival despotique pour déterminer les moments où l'un des deux chats pourra sortir sans risquer de rencontrer l'autre, évitant ainsi les conflits. Une fois cela fait, on peut laisser sortir le chat. Il redécouvrira qu'il est en sécurité, comme avant le traumatisme, et que chaque bruit dans le vent ne constitue pas nécessairement une menace. Lors des premières sorties, les maîtres, et même des amis accommodants, devraient se promener avec le chat autour du jardin pour que les bruits qu'il entend renforcent sa confiance. Parfois il est utile de diviser les repas du chat en fréquents petits goûters et de les lui servir d'abord dans son enclos et, plus tard, tout juste contre la porte, à l'extérieur de la maison. Les chances de réussite du traitement pour les chats agoraphobes sont souvent très bonnes et dépendent de la qualité de l'implication des maîtres pour résoudre le problème à la source.

Beaucoup de chats et de chiens ont peur des appareils électriques de la maison : l'aspirateur entre autres peut leur paraître terrifiant. Il est certain que les bruits et les mouvements brusques associés à cet appareil et même à d'autres méthodes de nettoyage, au même titre que les odeurs dérangeantes du polissage, constitueront toujours un défi pour un chat nerveux. Le traitement implique la désensibilisation du chat à ces événements fréquents et normaux qui se produisent dans une maison, de la manière décrite plus haut.

Les chats âgés

Les chats âgés, comme les vieilles personnes, ont besoin d'attentions spéciales. Ils dorment davantage et apprécient les coins chauds et tranquilles où ils peuvent se reposer sans être dérangés par le brouhaha de la vie familiale. Comme ses articulations sont raidies, il est important que votre chat ait un accès facile à son lit, à son bac à litière et à l'eau. Son lit devrait être chaud et de préférence près d'un radiateur, et vous pourriez peut-être lui installer en plus quelque chose de confortable pour ses siestes dans un de ses endroits préférés au soleil près de la fenêtre. Si ces lits sont situés au-dessus du niveau du sol, assurez-vous que le chat puisse y accéder par étapes – par exemple, à l'aide d'un fauteuil à bras ou d'une table près de la fenêtre – plutôt que de vous attendre qu'il y arrive d'un bond. On peut penser à restreindre son espace à une ou deux pièces chaudes dans le but de créer pour lui une zone à sécurité maximale, et s'il souffre d'arthrite, à lui fournir plus d'une litière pour qu'il continue à être propre. Un vieux chat incontinent est habituellement un chat très malheureux. Aussi, portez une attention spéciale à cet aspect (faire ses besoins) et n'exigez pas de lui qu'il soit obligé d'aller trop loin quand la nature commande.

Lorsqu'il est éveillé, le chat aura besoin de fréquents contacts affectueux avec vous. Si vous le toilettez gentiment, il en ressentira les effets relaxants et vous l'aiderez à maintenir son hygiène personnelle, ce qui ne peut qu'être bon pour son estime de soi. Continuez à intégrer le « vieux garçon » ou la « vieille fille » dans la vie de famille autant que vous le pouvez : s'il leur faut beaucoup de repos, les vieux chats ont besoin tout autant de s'impliquer et d'être stimulés. Même s'ils peuvent préférer passer plus de temps à l'intérieur, vous devriez continuer à les encourager à sortir, peut-être en les accompagnant, les jours calmes où il fait bon dehors. Avec le temps, votre chat âgé peut devenir plus en voix et vous lancer fréquemment des appels nocturnes quand il s'éveille et qu'il se sent seul et vulnérable. Ne vous impatientez pas : le temps est peut-être venu de laisser votre chat dormir près de votre lit pour qu'il se sente plus en sécurité la nuit.

Entourez-le de soins affectueux ! Renoncez à l'idée de lui offrir un compagnon plus jeune pour l'aider. Bien que les chiens âgés retrouvent souvent un regain de vie quand un chiot arrive à la maison, les chats sont plus sédentaires et moins aptes à partager leur maison et leur famille. À la place, consacrez davantage de temps à des périodes d'attention et de tendresse et vous apprécierez le vrai caractère de votre chat, et l'affection qu'il a pour vous dans son vieil âge.

Consultez votre vétérinaire au sujet des changements alimentaires qui s'imposent pour les chats âgés et préparez-vous à des choix imprévisibles en matière de nourriture.

Les chats âgés préfèrent en général de fréquents mais légers repas. Faites-les examiner régulièrement afin que toute anomalie susceptible de se développer, telle une maladie des reins qui est courante chez les vieux chats, puisse être traitée très tôt.

Le jeu

Les chatons semblent s'amuser avec tout et n'importe quoi, mais surtout avec des objets qui bougent. La plupart de leurs jeux sont mus par le réflexe d'aiguiser leurs griffes et de développer leurs talents de chasseur pour traquer, bondir et lancer, mais cela demeure néanmoins toujours un plaisir de les observer. Les meilleurs jouets pour les chatons sont ceux qui leur permettent de chasser. Les balles de ping-pong, les bouts de papier froissés en boule au bout d'une ficelle sont moins chers et tout aussi efficaces que n'importe quel jouet que vous pourriez acheter. Faites-leur explorer de nouveaux environnements comme des « tentes » improvisées avec du papier, des sacs de plastique ou de papier et des boîtes dans lesquelles ils adorent toujours se plonger. Les chats adultes apprécient également ces jeux. Si votre chat doit vivre constamment à l'intérieur, vous devrez lui fournir constamment quelque chose à explorer pour le garder intéressé et alerte. Attention aux jouets que votre chat pourrait détruire en les mâchant parce qu'il faudra peut-être recourir à une chirurgie pour extraire les morceaux avalés.

Chats curieux

Une maxime dit : « La curiosité a tué le chat. » Dans certains cas, c'est vrai, car les jeunes chats aiment mettre leur nez partout. Avoir un nouveau chaton dans la maison exige de revoir toute la question de la sécurité, comme vous le feriez si un jeune enfant venait habiter chez vous. Assurez-vous que toutes les installations électriques, tous les désinfectants potentiellement dangereux, les produits javellisants ou autres dont on se sert pour nettoyer soient bien hors de portée du petit minou. Voyez aussi à ce que chaque fenêtre soit fermée afin que le nouveau chaton ne puisse s'échapper lors de ses explorations. Enlevez des tablettes les objets fragiles, parce que les endroits en hauteur sont les plus populaires chez les chatons. Eh oui ! Minet peut atterrir d'un seul bond. Pensez à la cheminée – beaucoup de chatons se sont aventurés en haut de ce tunnel noir pour s'y trouver coincés – et n'oubliez pas de vérifier que la porte du lave-linge a bien été fermée pour ne pas que le chat aille rejoindre le linge à l'intérieur.

Les chatons grandissent vite et dépassent rapidement le stade de la curiosité tous azimuts, mais il est bon d'y porter attention dès le début. Plus ils explorent et apprennent des choses, plus ils auront le goût de participer à vos activités. Les chatons qui s'ennuient et qui ne sont pas suffisamment stimulés peuvent grandir avec un manque d'intérêt généralisé et se montrer craintifs face à tous les événements quotidiens. Par conséquent, prenez bien soin de la nature curieuse de votre chaton.

Après la maladie

Grâce à la science vétérinaire qui fait des miracles, nos chats peuvent être vaccinés contre beaucoup de maladies mortelles, être soignés avec des médicaments et des équipements de haute technologie et profiter de soins d'urgence équivalant à ceux dont profitent les humains. Cependant, tout vétérinaire vous dira que quelque extraordinaire que soit son travail dans l'art de recoudre ou de soigner par des médicaments, la volonté du chat de se rétablir dépend largement de la façon dont on va s'en occuper.

Il est toujours bon de stimuler le goût de vivre de votre chat en employant la bonne vieille méthode des soins pleins de tendresse. À l'inverse, ce dernier peut devenir déprimé. Pour que votre chat malade s'en sorte, en tant que maître, vous avez un grand rôle à jouer.

Portez-lui attention en lui parlant gentiment ; gardez-le au chaud, loin des courants d'air ; encouragez-le à manger (s'il a perdu l'appétit, réchauffez sa nourriture ou essayez toutes les sortes de gâteries qui ont bon goût) ; aidez-le à se rendre à sa litière ; rassurez-le de toutes les façons en le flattant. Tous ces gestes peuvent faire la différence entre la vie et la mort. Les chats qui guérissent d'une maladie développent souvent des liens émotionnels très forts avec leur maître. Peut-être qu'ils apprécient les soins et l'amour que celui-ci leur a donnés pour les aider à vaincre la maladie.

Le griffage des meubles

Comme on l'a dit précédemment, un chat griffe un objet inanimé non seulement pour débarrasser ses griffes de leur vieille enveloppe et dégager des pointes nouvelles bien aiguisées, mais aussi pour marquer à sa manière son territoire. Un chat qui griffe un meuble peut le faire pour l'une ou l'autre des raisons précédentes, ou les deux à la fois. Ce besoin peut être transféré des meubles à un grattoir (poteau à griffer) fait d'un pilier de bois recouvert de cordes ou de morceaux d'écorce. Les grattoirs recouverts de tapis comme ceux que l'on trouve dans les animaleries risquent d'inciter davantage le chat à utiliser vos moquettes, aussi vaut-il mieux les éviter. Placez le poteau devant la zone où il griffait et une fois qu'il l'a utilisé, déplacez-le à une certaine distance des tentations et à l'abri des risques de blessures. Assurez-vous que le poteau soit assez haut pour que le chat arrive à s'étirer de toute sa longueur en griffant de la sorte. Le facteur hauteur y est pour beaucoup dans leur prédilection pour les meubles. Un poteau court ne sera donc pas la bonne solution de remplacement pour le fauteuil rembourré ou les autres meubles.

Si le chat griffe pour marquer, comme on l'a décrit au chapitre 2, peut-être ne se sent-il pas sûr de lui et qu'il essaie de renforcer sa confiance en s'entourant de sa propre odeur. Ce problème devrait être abordé de la même façon que celui de l'arrosage intérieur, une autre forme de marquage tout compte fait, tel que décrit dans la section « Arrosage urinaire » du présent chapitre 7.

La propreté

Les chats sont réputés pour leur propreté, et même les jeunes chatons semblent instinctivement se diriger vers le bac à litière quand la nature commande. Facilitez la vie à votre nouveau chaton ou à votre nouveau pensionnaire en plaçant, du moins dans les premiers jours, son bac à litière dans la cage, ou pas trop loin de son lit, mais suffisamment loin de l'endroit où se trouve sa nourriture. Utilisez d'abord la même sorte de litière qu'il avait avant d'arriver chez vous. Bien qu'une litière trop souillée dissuade le chat de l'utiliser, vous n'avez pas à vous précipiter outre mesure pour la nettoyer. Un nettoyage quotidien ou réalisé tous les deux jours fera en sorte que le chat associera sa propre odeur à celle de la litière et percevra le bac comme étant ses latrines personnelles.

Quand le chat est devenu adulte, qu'il a reçu tous ses vaccins et qu'il peut aller dehors, toutes les règles de propreté devraient être transférées dans le jardin. Vous pouvez collaborer à cette transition en ajoutant un peu de terre fraîche à la litière et en la repoussant un peu plus chaque jour vers l'extérieur. Placez-la d'abord plus près de la porte puis sur le perron, et un peu plus bas pour établir de façon manifeste que, dorénavant, l'intérieur de la maison n'est plus l'endroit indiqué pour se soulager. Pendant quelques jours, ayez soin de placer dans un coin du jardin un mélange de terre et de litière déjà utilisée pour qu'il identifie, dès ses premières excursions à l'extérieur, le jardin à ses activités de propreté. Souvenez-vous que les chats malades ou ceux qui ne veulent pas aller dehors par mauvais temps auront toujours besoin d'une litière dans la maison. Il est rare que les chats en santé commettent des erreurs, mais si un accident se produit devant vos yeux, prenez simplement le chat et placez-le dans sa litière. Caressez-le et parlez-lui gentiment ; il comprendra vite. Le genre de punition qui consiste à lui mettre, après le fait, le nez dans ses dégâts ne sert à rien et ne fera que le rendre encore plus nerveux et plus porté à aller faire ses besoins dans des endroits inappropriés. Si le chat s'échappe en votre absence, la seule chose à faire est encore de nettoyer le dégât. Par contre, si vous soupçonnez que votre chat ne va pas bien, consultez sans délai votre vétérinaire et, si les troubles persistent, demandez-lui de vous référer à un psychologue pour animaux qui vous conseillera.

Le traitement pour un problème de propreté chez un chat de n'importe quel âge dépendra de l'environnement familier et du degré d'apprentissage déjà acquis, mais les principes généraux suivants peuvent aider à résoudre le problème.

1. Choisissez une petite pièce adéquate et confinez le chat dans un enclos pour chaton avec juste assez d'espace pour son lit et son bac à litière. Comme le désir d'éviter de salir son lit est ancré depuis longtemps chez lui, le chat s'en éloignera le plus possible pour uriner. Confiné dans cet espace, ce réflexe l'incitera à utiliser le bac à litière et, en quelque sept à quatorze jours, il aura

définitivement établi le lien entre les nécessités de la propreté et le bac. Quand il est à l'intérieur, le chat devrait être gardé dans sa cage en permanence si le maître ne peut pas le surveiller. Au bout de sept à dix jours de ce bon entraînement, on peut le sortir de sa cage, le laissant toutefois dans la même la pièce, et on éloigne peu à peu le bac à litière du lit. On lui permettra l'accès au reste de la maison, une pièce à la fois, et seulement sous surveillance la première fois. Si, à la fin, on laisse le chat aller dehors, alors le bac à litière devrait être déplacé progressivement vers la porte d'en arrière, puis juste sur le pas de la porte à l'extérieur. Ensuite, on renversera la litière sale sur un carré de terre adéquat, ce qui devrait assurer une complète transition des activités de propreté vers l'extérieur.

2. Avant de permettre l'accès à la pièce où s'est produit le dégât, il faut nettoyer les zones souillées à fond, à l'aide d'une solution chaude additionnée de poudre à laver biologique, puis les brosser légèrement avec de l'alcool du genre alcool à friction. L'endroit doit être asséché avant que le chat, sous surveillance, y ait de nouveau accès.
3. Un couvercle sur la litière assure une sécurité supplémentaire. Utilisez une boîte de carton renversée dans laquelle vous faites une ouverture, ou achetez l'un de ces bacs à litière avec couvercle intégré.
4. On ne devrait jamais laisser le bac à litière devenir trop souillé, parce que cela décourage la majorité des chats de l'utiliser, ni le nettoyer trop souvent. L'idéal est une fois par jour pour un chat seul dans une maison (plus souvent, si plusieurs chats partagent le même bac) parce que la présence de sa propre odeur dans la litière aidera le chat à reconnaître le bac comme étant ses latrines.

5. Expérimentez différents types de litière de chat, comme la terre granulée *Fuller,* les boulettes d'éclats de bois, les variétés de granules cirées réutilisables et une litière de grains très fins. Si le chat va dehors, la litière devrait être mélangée avec 50 % de la terre du jardin pour l'aider à compléter la transition de ses habitudes de propreté de l'intérieur vers l'extérieur.
6. La chatière devrait rester fermée aux moments opportuns pour permettre au chat d'assimiler la notion de « zone de propreté en sécurité à l'intérieur » différente de « zone de propreté dehors dans la jungle ». Cela vous aidera également à contrôler les accès à la maison et à garder l'œil ouvert. Il serait sage de sortir le chat aussitôt qu'il a fini de manger parce que c'est souvent à ce moment que les chats éprouvent le besoin de se soulager. Encouragez votre chat à passer plus de temps à l'extérieur : plus souvent il y sera, plus souvent il fera ses besoins dans un coin approprié, et bientôt il considérera le jardin comme étant sa zone de propreté.
7. La nourriture ne devrait jamais être placée près du bac à litière : le chat est dédaigneux et par conséquent, il ira se soulager ailleurs dans la maison. Dans la même logique, on peut placer la nourriture justement à des endroits normalement inappropriés, et s'en servir comme moyen dissuasif. La nourriture sèche, plus hygiénique que la nourriture molle, répond mieux à cet objectif et s'avérera utile même si le chat consomme habituellement de la nourriture en boîte ou de la viande. On devra coller la nourriture tout au fond du plat pour éviter que le chat ne la mange.
8. Les chats qui font leurs besoins dans la maison ne devraient jamais être punis. La punition après le fait est inutile. À la place, et seulement si vous les prenez sur le fait, empoignez-les et placez-les

dans la litière, tout en les caressant et les calmant. Quand ils utilisent à nouveau leur litière, récompensez-les par des félicitations et, pourquoi pas, quelque chose de savoureux à grignoter.

L'arrosage urinaire

L'arrosage urinaire est un phénomène normal chez la plupart des chats mâles ou femelles, castrés ou entiers. Ce comportement a un lien avec le marquage d'un territoire et cible habituellement les objets à la verticale, comme les piquets de clôture et les buissons où les chats rivaux risquent de se rencontrer. Il se limite généralement à l'espace extérieur, là où les chats du quartier se font compétition. Les chats arrosent rarement dans la maison parce qu'ils s'y sentent en général à l'abri des compétiteurs et qu'il n'y a pas nécessité de s'identifier outre mesure. L'arrosage urinaire intérieur est donc le fait d'un chat qui souffre d'insécurité ou qui se sent menacé. En agissant de la sorte, il essaie de rappeler sa présence. La décoration, les déplacements de meubles et les changements dans la vie familiale comme l'arrivée d'un pensionnaire ou d'un nouveau bébé, la mort d'un membre de la famille, tout cela peut provoquer le début d'un arrosage urinaire. Plus il y a de chats qui partagent la même maison, plus il est probable qu'au moins l'un d'entre eux marque sa propriété en présence de tout élément de compétition. Les portes, les rideaux, les fenêtres, les pattes des meubles et les nouveaux objets comme les sacs à déchets en plastique noir sont les cibles courantes. Cependant, parce que le maître offre la sécurité, il est rare que les chats le fassent en sa présence. Les dépôts humides et malodorants ne sont habituellement découverts que plus tard.

Arroser et uriner sont deux comportements qui diffèrent l'un de l'autre. L'acte d'uriner se fait en position accroupie dans le bac à litière ou sur le sol dehors. Celui d'arroser n'a pas pour but de vider la vessie, mais de diriger une petite quantité d'urine sur un point situé à hauteur de nez félin. Quand il asperge l'objet en question, le chat se tient la queue droite, avec le bout qui tremble, un mouvement souvent accompagné d'un trépignement des pattes d'en arrière, et le jet est directement dirigé vers l'arrière.

Quand les chats mâles arrivent à l'adolescence, ce comportement lié à l'arrosage devient particulièrement apparent et l'odeur très perceptible. À ce stade, la castration est une mesure fiable pour mettre un terme au comportement et à l'odeur. Les chattes arrosent souvent pour attirer les mâles quand commencent leurs chaleurs, et un tel comportement aussi peut être stoppé de manière sûre par la stérilisation. Dans leur vieil âge, aussi, les chats mâles ou femelles peuvent souffrir d'insécurité, même en territoire familier, et commencer à arroser pour rappeler leur présence à un compétiteur réel ou imaginaire.

Lorsqu'un chat doit faire des efforts pour uriner, il adopte parfois la position de l'arrosage. Cette réaction est fréquente chez les chats qui souffrent de la maladie de la descente de vessie féline. Si de tels signes d'inconfort apparaissent pendant que votre chat urine ou arrose, particulièrement autour de la litière, vous devez immédiatement le faire examiner par un vétérinaire. Le traitement consiste à essayer de donner au chat un sentiment de sécurité et à lui faire abandonner l'habitude d'arroser. On ne devrait jamais punir un chat qui arrose, même s'il est pris sur le fait, parce que cela ne fera qu'augmenter son sentiment d'insécurité et le porter davantage à récidiver.

Si on a procédé à des changements à l'intérieur de la maison ou s'il y a des nouveaux membres dans la famille, le chat ne devrait pas avoir accès à la plupart des pièces sans surveillance. Toute pièce dans laquelle il y a eu des changements devrait être examinée en présence des maîtres jusqu'à ce que le chat reconnaisse à nouveau la place comme faisant partie de son territoire dans la maison.

Les endroits que le chat a arrosés devraient être complètement nettoyés avec une solution chaude de poudre à laver ou de liquide biologiques, puis être frottés avec de l'alcool pour enlever les dépôts de gras. On doit laisser sécher complètement la zone et ne permettre au chat d'y retourner que sous surveillance.

Si le chat peut accéder à l'extérieur par une chatière, celle-ci devrait être verrouillée et les sorties et les entrées déterminées par le maître. Les chatières éliminent l'élément de sécurité qui existe à l'intérieur et pourraient permettre l'entrée de chats rivaux qui viendraient s'imposer au chat résidant dans le lieu même où celui-ci devrait se sentir le plus en sécurité. Si l'arrosage cesse à la suite de cette mesure, une sorte particulière de chatière pourrait être installée pour des raisons de commodité. Pour faire fonctionner ce type de chatière, le chat porte un collier équipé d'une clé électronique ou magnétique qui déverrouille la chatière et permet l'accès uniquement au chat qui la porte.

Confiner le chat dans un enclos à l'intérieur de la maison ou dans une petite pièce pour une courte période quand il n'est pas surveillé lui permet d'être dans une zone exempte de surprise et l'aide à se sentir plus en sécurité. On doit lui procurer un lit chaud recouvert. Bien protégé par les barreaux de l'enclos, le chat répugnera à arroser si près de son lit, car garder son lit propre et sec est un principe qu'il a fermement ancré en lui depuis les toutes premières semaines de son existence. S'il est enfermé pour plus de deux ou trois heures, on doit lui fournir une litière, placée assez loin de sa nourriture et de son lit. Si le chat cesse son arrosage, vous pouvez le laisser se promener dans le reste de la maison, une pièce à la fois, mais surveillez ses premières explorations. L'objectif est que le chat puisse progressivement et constamment concevoir la maison comme un endroit sûr qu'il partage avec des maîtres protecteurs.

Les chats arrosent rarement à proximité de leur nourriture, aussi des contenants remplis de nourriture sèche peuvent être utilisés comme facteur de dissuasion si on les place judicieusement dans les endroits où il a tendance à s'échapper. La nourriture sèche, nettement plus hygiénique dans le cas présent, sera utile même si le chat a l'habitude de la nourriture en boîte ou de la viande fraîche. Néanmoins, vous devriez la tasser dans le fond du contenant pour éviter que le chat ne la mange. Créer des surfaces d'accès inconfortables, à l'aide par exemple de cônes de pin ou de feuilles d'aluminium, peut aussi dissuader le chat de se tenir dans certains endroits et de les arroser.

Des chats végétariens ?

Certains végétariens passionnés imposent leurs convictions alimentaires à leur animal de compagnie, ce qui ne cause aucun problème s'il s'agit d'un chien. Cependant, les chats *doivent* manger de la viande parce que leur corps ne peut pas fabriquer certains composants chimiques essentiels, comme la taurine, à partir d'une matière végétale comme le font les humains et les chiens. Les chats, ayant de tout temps exercé avec succès leurs talents de chasseur, n'ont jamais eu à rechercher d'autres sources de nutriments essentiels, qu'on retrouve par exemple dans les végétaux, car ils les trouvent, à l'état naturel, dans la viande. De leur côté, les chiens et les humains ont réussi à survivre en mangeant des plantes chaque fois qu'ils étaient privés de viande et ils se sont donc habitués à tirer le meilleur profit possible de tout ce qu'ils pouvaient trouver. Il faut l'admettre : les chats ne peuvent être végétariens, peu importent les principes ou les convictions de leurs maîtres.

Apprivoiser les chats harets

Il existe des millions de chats harets (chats domestiques devenus sauvages) dans le monde. Ils se regroupent souvent pour trouver de la nourriture. On pense qu'il y a plus d'un million de chats harets au Royaume-Uni seulement, et beaucoup de gens se dévouent pour assurer leur bien-être. Certains portent régulièrement de la nourriture aux colonies de chats et essaient de trouver à chacun un foyer aimant. Cette dernière initiative peut s'avérer à la fois difficile et dangereuse. Alors qu'un chat errant depuis peu, parce qu'il s'est perdu ou a été abandonné par son premier propriétaire, se réinstallera gentiment dans sa nouvelle maison, un chat haret depuis sa naissance ne le fera pas. Comme cela a été expliqué au chapitre 5, il faut qu'un chat soit manipulé par un humain avant l'âge de sept ou huit semaines pour qu'il puisse éventuellement reconnaître les membres de cette espèce comme des amis potentiels. Sinon, le chat sera probablement incapable de se détendre en leur présence, de communiquer avec eux, et encore moins de s'installer paisiblement dans l'environnement normal d'un foyer.

Alors qu'il demeure possible d'apprivoiser un chaton haret de huit semaines avec de la patience et de l'attention (encore qu'il peut se montrer très agressif, cracher ou être effrayé), vouloir domestiquer un chat haret adulte est généralement une tâche impossible. Cet essai peut également se révéler une expérience absolument terrifiante pour le chat parce que toute forme de domestication exige de lui d'apprendre à vivre avec les humains dans leur environnement. Ainsi, il faudrait abriter le chat dans un enclos et l'introduire calmement et gentiment dans tous les éléments de la vie quotidienne des personnes. Les chats âgés seront à coup sûr traumatisés par la cage et toutes les tentatives d'approche à leur endroit. Ils s'accroupiront sans bouger ou se cacheront dans un coin. Si on les découvre, ils peuvent s'affoler et devenir agressifs.

Aussi, si vous songez à adopter un chaton haret pour lui donner un foyer aimant, tâchez de vous assurer (à condition que ce soit possible) qu'il a moins de huit semaines et que vous pourrez disposer du temps et de la patience nécessaires avec lui. Prendre chez soi un chat haret plus vieux peut mal finir pour toutes les parties en cause, auquel cas il peut être préférable de le faire castrer puis de le retourner à une colonie gérée où il pourra vivre pleinement sa vie sauvage sous l'œil vigilant d'approvisionneurs réguliers.

La peur des étrangers

Certains chats qui ne sont nullement dérangés par les changements à l'intérieur de la maison se mettent dans tous leurs états dès qu'apparaît un visiteur. Le problème n'est pas toujours dû à l'absence d'expériences adéquates avec des personnes différentes quand ils étaient petits. Un seul incident malheureux peut avoir causé ce dérangement, comme un invité particulièrement bruyant qui aurait fait peur au chat ou qui aurait été brutal à son endroit ou qui, sans le vouloir, lui aurait inculqué la réaction de fuite en cas de danger.

La première phase du traitement dans le cas de ces chats consiste à enrayer leurs tentatives de fuir physiquement ou d'éviter d'affronter la situation. Car, bien que ces réactions le protègent du danger appréhendé, elles lui enlèvent toute possibilité d'apprendre à faire face au défi avec ses propres moyens. Par conséquent, il faut lui enlever la possibilité d'éviter les visiteurs, soit en le mettant en laisse, s'il est à l'aise avec un collier et un harnais, soit en le gardant à l'intérieur de son panier ou de sa cage pour de brèves périodes quand il doit recevoir des visiteurs. Ce panier devrait être placé avant l'arrivée des visiteurs, dans la pièce où ces personnes vont socialiser – habituellement dans le salon. Plus il y aura de visiteurs volontaires, mieux ce sera, quoique l'on devrait dans un premier temps lui présenter des gens qu'il connaît, comme les membres de la famille. Ces derniers, au lieu d'utiliser leur clé, sonneront. Selon son habitude, le chat aura pour premier réflexe de déguerpir au son du timbre, mais la cage l'en empêchera. Alors, « l'invité » entrera et le chat, voyant qu'il s'agit d'un membre de la famille, se calmera rapidement. La répétition de ce procédé devrait amener le chat à associer la sonnerie de la porte avec l'arrivée d'invités non menaçants.

Plus tard, on pourra demander aux visiteurs d'exécuter la même routine. Ils entreront dans la pièce où se trouvent le chat et au moins un membre agréé de la famille et ne feront rien d'autre que de s'asseoir à une certaine distance du chat. Il est essentiel que le chat s'habitue à leur présence par étapes. Pour le moment, la cage sert à le protéger des défis qu'il a si longtemps évités, et il devrait se calmer rapidement.

Les progrès laborieux d'un chat extrêmement nerveux peuvent être accélérés à l'aide d'un léger sédatif comme le *valium,* selon l'ordonnance de votre vétérinaire. Cependant, il est essentiel que sa tolérance vis-à-vis des visiteurs ne devienne pas conditionnelle à la prise des médicaments. On doit lui retirer progressivement la drogue pour que sa tolérance acquise se renforce malgré la diminution du traitement. Les médicaments ne sont qu'un moyen de contraindre le patient à affronter son problème. Avec ou sans l'effet de la drogue, en étant exposé fréquemment au plus de gens possible, dans les bonnes conditions, le chat devrait percevoir leur arrivée et l'occupation du centre de son territoire comme étant naturels. Plus important encore, il apprendra à accepter que les visiteurs restent à l'intérieur de son champ d'isolement, l'espace qui définit sa possibilité de fuir.

La prochaine étape du traitement est un peu plus contraignante. On demandera aux invités de s'asseoir de plus en plus près de la cage du chat pour l'habituer davantage à leur présence. Cette étape doit se faire au rythme de la capacité de tolérance du chat et les invités ne devraient assurément pas essayer de le toucher, ou même de lui parler, tant qu'il ne semblera pas en confiance avec eux. Alors, on pourra prendre les grands moyens, aussi cruels qu'ils puissent paraître. On fera en sorte que le chat n'ait pas mangé depuis plus de douze heures pour qu'il ait le ventre vide quand il sera forcé de partager l'espace avec le prochain visiteur. Ce dernier, assis près de la cage plutôt que penché au-dessus, ce qui effraierait le chat, tendra gentiment à travers les barreaux une petite gâterie ou un morceau de quelque chose qu'il aime manger. C'est bien connu, la nourriture cimente les liens beaucoup plus vite que ne le font les mots doux. Il n'empêche que le visiteur et le maître devront faciliter la procédure en parlant en même temps gentiment au chat. Après quoi, on devrait offrir fréquemment à minet de petits goûters durant toute la durée de la présence (ou de la patience) de l'invité. Il serait bon d'avoir le plus de visiteurs possible, et tous les membres de la famille devraient prendre part au processus. Cette méthode produit un renforcement continu de la confiance du chat et l'aide à percevoir tous les invités comme des fournisseurs potentiels de nourriture et, plus tard, d'affection.

L'étape finale du traitement consiste pour le chat à se passer de la cage, du collier, du harnais ou de la laisse à l'arrivée des invités. Vous leur demanderez de lui donner de la nourriture, comme précédemment, puis vous tiendrez fermement mais gentiment le chat dans vos bras et vous le présenterez, tout en le caressant encore, à un visiteur à l'écart que le chat a déjà accepté. Cela doit se faire lentement pour éviter que le chat ne prenne panique comme il le faisait avant d'apprendre que tous les invités peuvent être gentils. Il faudra ralentir ou stopper aussitôt ces avances si le chat commence à manifester de la frayeur ou à se débattre. Une fois que le chat sera sur lui, le visiteur pourra petit à petit le caresser en douceur. On sait que le processus est complété quand vous-même avez cessé de le toucher et que seul l'invité le caresse. Il se peut que l'invité ne puisse le tenir très longtemps parce que cette position restreint la possibilité pour le chat de s'échapper et donc exige de sa part une confiance totale. Il ne ferait que réagir comme beaucoup de ses semblables s'il limitait cet honneur aux seuls membres de la famille.

Pendant toute la durée du contact, les mains de l'invité devraient d'abord soit s'approcher par le côté sans que le chat les voie, soit avancer très lentement directement de face de sorte d'être visibles et acceptées. Étant donné que le chat peut interpréter la main qui s'avance comme rien de moins qu'une patte menaçante, il vaut mieux en effet la présenter gentiment. Gardez à l'esprit que les pattes ont des griffes, lesquelles constituent le principal arsenal du félin, et par conséquent la main qui s'approche suscite probablement la même appréhension chez lui que ne le ferait l'éventuel coup de patte d'un autre chat.

L'idée ne serait pas mauvaise pour le visiteur d'approcher le chat en se plaçant à son niveau plutôt que penché au-dessus de lui, ce qui l'intimide inutilement. Si l'invité n'hésite pas à ramper au sol, poussant les choses à l'extrême, on pourrait placer alors le chat sur une table – soit toujours dans sa cage, soit en laisse, soit en le retenant de la main – et l'approcher de face. Cet exercice lui paraîtrait assurément moins menaçant et plus respectueux de sa dignité. Évidemment, il ne faut pas négliger la sécurité des volontaires ; pour peu que le chat s'apprête à réagir défensivement par un coup de patte, il faudra le garder encore dans sa cage quand vous recevrez des visiteurs.

Les hurlements

Les comportements étranges des vieux chats sont de mieux en mieux compris depuis quelques années. Cela est probablement dû au fait que les services de thérapie comportementale sont aujourd'hui largement disponibles et que plus de propriétaires d'animaux domestiques sont encouragés par leur vétérinaire à rechercher une assistance professionnelle et à demander de l'aide quand surviennent les problèmes. Nous, les maîtres, avons aussi changé – nous avons appris ces dernières années à comprendre davantage le comportement des chats et nous en sommes venus à accorder plus de valeur aux rapports individuels que nous avons avec eux. De plus en plus, ceux-ci sont fondés sur le respect mutuel, l'attribut essentiel des relations qui s'améliorent avec le temps. En comparaison, disons, des joies trop éphémères que dispense un chaton enjoué, ils sont plus profondément satisfaisants et plus durables.

Comparés à un jeune chat de six à dix-huit mois, ou même à un adulte de moins de huit ans, les chats âgés posent en effet très peu de problèmes sur le plan du comportement. La sagesse de l'âge que les vieilles personnes acquièrent habituellement à travers les expériences d'une vie s'applique peut-être encore davantage à un chat vieillissant. Celui-ci a appris à se comporter dans le milieu de vie humain, à distinguer le moment adéquat pour participer aux activités sociales ou pour s'en éloigner, à faire comprendre à tous ce qu'il veut, quand il le veut, et à occuper la meilleure place pour sa sieste, celle où il ne sera pas dérangé, sans pour autant déranger personne. En fait, plus le temps passe, plus les chats âgés sont de commerce facile. Les problèmes seront en fait les conséquences d'un corps « épuisé » ou simplement la manifestation d'un plus grand besoin d'avoir de la compagnie et d'être rassuré. Chez le chat jeune ou adulte, les problématiques comportementales proviennent d'une incapacité à apprendre la propreté, ou de la difficulté à se remettre d'un accroc dans l'entraînement à la litière, un arrêt de progression provoqué par la nervosité ou des conflits avec d'autres chats. Le chat perturbé peut arroser, déféquer ouvertement ou faire des marques de griffures sur le côté des meubles un peu partout dans la maison. Ce sont là des signes qu'il se sent menacé socialement par la présence d'autres chats dans la maison ou aux alentours de sa demeure. Il lui arrive de percevoir son environnement familier comme un défi insurmontable parce que quelqu'un a changé des meubles de place, ou a hébergé un ami ou un chien. Beaucoup de ces bouleversements ont pour cause une chatière dont l'accès facile a permis à un rival de s'approcher de son lit, de son plat de nourriture et accaparé l'attention de son maître.

Sans aucun doute, le problème de comportement le plus commun chez les vieux chats est le hurlement nocturne. Beaucoup de maîtres rapportent que leur chat, depuis qu'il est devenu le plus vieux membre du groupe, les fixe désespérément en réclamant de l'attention et de l'affection. Au beau milieu de la nuit, les maîtres sont réveillés par les cris plaintifs de leur animal de compagnie. Alarmés, ils sautent du lit pour s'enquérir de ce qui arrive à leur compagnon chéri – une maladie soudaine ou un problème quelconque de vieillesse. Quand ils découvrent le chat, cependant, souvent celui-ci se trouve juste derrière la porte de la chambre où il fait les cent pas, ne semblant en rien différent de ce qu'il était à l'heure du thé.

Habituellement, les maîtres découvrent que le chat n'éprouve aucune douleur physique et qu'il ne semble même pas vouloir quelque chose en particulier, comme être nourri ou sortir. Une fois qu'ils l'ont caressé et qu'ils se sont enquis d'un ton inquiet de ce qui lui arrive, le chat se calme et retourne dormir. En fait, le chat ne voulait qu'un peu de réconfort et qu'on vienne le « border » une fois encore, pour qu'il puisse se rassurer dans le silence désert de la nuit.

Cependant, pour le chat, deux événements importants se sont produits. Premièrement, le chat vieillissant a dû se rendre à l'évidence qu'après avoir été pendant des années indépendant et même distant, jusqu'à éviter l'attention de ses maîtres quand il avait besoin de solitude, le temps était venu d'apprécier la présence de ceux-ci. Se sentant seul et souffrant d'insécurité, il a désormais accepté que ce contact humain pouvait tout arranger. Il sait maintenant que s'il peut se garantir la présence de ses maîtres, il peut s'en remettre à eux pour toutes les décisions vitales pendant un petit bout de temps.

Le deuxième événement majeur à noter est que le chat astucieux a maintenant réussi à entraîner ses maîtres, dans le plus pur style pavlovien et avec toute la virtuosité d'un entraîneur de chien champion, à répondre à ses désirs. Il a réalisé qu'un seul cri arrache-cœur faisait accourir son maître à n'importe quelle heure du jour, mais particulièrement la nuit, pour venir le réconforter et le rassurer. Aussi, devant une décision majeure à prendre – comme « vais-je me coucher : contre le radiateur ou dans mon coin préféré au soleil ? » –, il va pousser le même cri. Maintenant, le chat astucieux est sûr que son maître viendra pour l'aider à se faire une idée en trouvant pour lui le lit le plus confortable, ou encore mieux pour le câliner avant de le placer là où il sera le plus content.

L'âge apporte au chat ses récompenses, particulièrement quand il a appris comment utiliser sa voix pour obtenir le maximum d'effet, alors qu'il ne peut plus attirer physiquement l'attention de son maître en sautant sur ses genoux ou en se frottant à ses jambes. Comme pour le problème nocturne – certains maîtres placent le panier du chat à côté du lit et s'arrangent pour s'éveiller sans devoir s'extraire de la chaleur des couvertures. D'autres se sont munis d'un appareil conçu pour communiquer avec un bébé et parlent au chat à travers un interphone quand il s'éveille ; quelques-uns laissent la radio ouverte ou laissent un coussin chauffant dans le lit du chat. Pour dire vrai, c'est une méthode plus commode que celle de cette dame qui, chaque soir, devait se lever pour renouveler le contenu de la bouillotte de son chat ! Enfin, certaines personnes moins empressées, ayant constaté que le chat se portait bien malgré ses cris, ont décidé de résister. Elles se sont bouché les oreilles, enfouissant leur tête sous l'oreiller pour se couper du son davantage, et ont essayé de tenir bon pour que le chat se rende compte qu'il ne sera pas automatiquement récompensé par la présence du maître. Ces gens vous diront cependant à quel point l'animal peut être persistant !

Le mode de comportement d'un chat varie en fonction des saisons, de la température, des périodes de la semaine, que ce soit l'arrivée du week-end ou d'un temps d'activités familiales. Le comportement changera également selon qu'il est nourri à heures régulières ou, comme c'est le cas avec la nourriture sèche, qu'il peut en disposer en permanence. À mesure que le chat prend de l'âge, il a tendance à dormir davantage dans les périodes qu'il aurait autrement consacrées à la chasse, et il adapte généralement son temps de présence dans la maison à celui des maîtres. Même s'il n'a plus la même interaction sociale avec eux qu'auparavant, l'important est qu'ils soient là, offrant la sécurité et un peu d'affection quand le vieux chat en ressent le besoin. Plus l'animal vieillit, plus il a tendance à se tourner vers ses maîtres quand il est dérangé ou quand quelque chose le surprend – par exemple s'il se réveille en découvrant qu'il est seul, ce qui, après tout, a beaucoup plus de chances de se produire la nuit.

Aussi, si votre vieux chat se met soudainement à hurler la nuit et à perturber votre sommeil, le temps est peut-être venu de le laisser dormir dans votre chambre : il trouvera auprès de vous un réconfort immédiat s'il lui arrive de s'éveiller. Mais si cette solution ne vous plaît pas, essayez d'ignorer les miaulements persistants pendant un certain temps. Si vous vous levez, soyez conscient que vous ne faites alors que le récompenser pour son manque de confiance en lui-même et que vous lui prouvez qu'il peut compter sur vous, même quand il n'a aucun besoin réel. Plus longtemps vous resterez indifférent à ses cris, plus longtemps votre chat restera confiant et indépendant et vous pourrez à nouveau jouir d'une nuit de sommeil normale.

La zoonose

La zoonose est le nom scientifique donné aux maladies animales transmissibles aux humains. Il se peut que des personnes qui pourraient éventuellement vouloir un chat en soient dissuadées ou se privent de l'agréable présence physique de cet animal par peur d'attraper des maladies. En fait, il y a très peu à craindre de ce côté. La rage est potentiellement une horreur, mais elle n'est pas en cause dans ce pays. Quant aux vers, ils peuvent s'attraper par les selles, mais il est facile d'y remédier quand on en débarrasse régulièrement le chat. En ce qui concerne la teigne, elle n'est pas réellement un ver mais un état fongueux de la peau qui peut s'attraper de beaucoup d'animaux, pas seulement des chats, et qui se traite avec succès. Cette maladie n'est pas courante chez les chats de compagnie mais peut se présenter dans les colonies de chats harets ou de ferme.

La toxoplasmose est un problème moins apparent. Il est causé par un organisme minuscule qui peut être évacué par les selles du chat. Les chats atteints présentent peu ou pas de signes d'infection et la plupart des gens qui sont contaminés ont tout au plus des symptômes qui s'apparentent à ceux de la grippe. En fait, nous courons plus de risques de l'attraper en mangeant de la viande crue ou insuffisamment cuite qu'au contact d'un chat. Les femmes enceintes devraient particulièrement se laver les mains après avoir touché au chat, et demander à une tierce personne de nettoyer la litière, parce que la maladie représente un risque pour le bébé à naître. Les possibilités d'attraper des maladies d'un chat sont réellement minimes si nous le gardons exempt de vers et prenons les précautions hygiéniques usuelles. Les bienfaits pour la santé qu'offre la présence d'un animal de compagnie sont bien connus, et le faible risque d'attraper une maladie est de loin surpassé par les années de satisfaction et de plaisir qu'apporte, sans contredit, la douce compagnie d'un chat.

Table des matières

Achevé d'imprimer au Canada
en décembre 2003
sur les presses des Imprimeries Transcontinentales inc.,
division Imprimerie Gagné.